# 你不认输，世界都给你让步

赵彩霞 ◎ 著

吉林出版集团股份有限公司

图书在版编目（CIP）数据

你不认输，世界都给你让步 / 赵彩霞著. — 长春：吉林出版集团股份有限公司, 2018.7

ISBN 978-7-5581-5550-5

Ⅰ.①你… Ⅱ.①赵… Ⅲ.①成功心理-通俗读物 Ⅳ.①B848.4-49

中国版本图书馆CIP数据核字（2018）第155688号

## 你不认输，世界都给你让步

| 著　　者 | 赵彩霞 |
|---|---|
| 责任编辑 | 王　平　史俊南 |
| 开　　本 | 710mm×1000mm　1/16 |
| 字　　数 | 260千字 |
| 印　　张 | 18 |
| 版　　次 | 2018年10月第1版 |
| 印　　次 | 2018年10月第1次印刷 |
| 出　　版 | 吉林出版集团股份有限公司 |
| 电　　话 | 总编办：010-63109269 |
|  | 发行部：010-67208886 |
| 印　　刷 | 三河市天润建兴印务有限公司 |

ISBN 978-7-5581-5550-5　　　　　　　　　定价：45.00元

版权所有　侵权必究

# CONTENTS 目录

## 第一章 别人不走的地方才是路

所有的成长都是踩踏着满地的错误来实现 / 003

路无难易,难的是开始和坚持 / 010

我们总是以别人为例来生活,却忘了问自己是否幸福 / 016

别的也许都能将就,唯梦想不能 / 019

不管是直路还是弯路,每段路都需要我们去经历 / 026

做多了配角,做下主角又何妨 / 031

赢在选了一条难走的路 / 038

走别人选的路,别人也不会为你负责 / 042

生活不会一开始就给你一个最好的位置 / 046

走别人不走的路也是成功 / 054

## 第二章　不同选择不一样的人生

拥有选择的权利，才不会辜负我们的人生 / 059

之所以迷惑是因为我们想得太多，做得太少 / 069

别因为懒，而失掉本来可以精彩的人生 / 074

学会讲究努力的方法，能少一些不必要的苦头 / 078

受得起多大的压力，就配拥有多少的财富 / 081

你想要成为什么样的人，就去接近那样的人 / 085

痛苦不可避免，但是否忍受则可以选择 / 088

忍住痛，才能破茧成蝶，不然就只是一个茧 / 091

别让不公平蒙蔽了你的双眼 / 098

认真是让自己完整的一种方式 / 103

塑造你的是你的付出而不是纯真 / 106

## 第三章　你不用活得跟别人一样

定制自己的成功标准 / 111

别因讨好他人而累惨了自己 / 117

学会克制，方能拥有 / 122

与其在平庸无能的日子等死，不如做一个孤傲独立的思考者 / 127

人生是一个打开再合拢的过程 / 134

别被花里胡哨的概念摆弄得找不着北 / 139

把努力当成一种常态，而不是炫耀的资本 / 145

人生从来没有固定的路线 / 150

不妨让父母去看看这个大世界 / 155

不要成为烂施好意的人 / 160

## 第四章　人生不妨再大胆一点点

不妨跳起来，触摸下人生的高度 / 167

你不认怂，世界都给你让步 / 175

大胆跳出框架，告别那个畏缩胆小不敢前进的自己 / 178

你承担的风险与收获的利益是成正比的 / 184

多干些高攀的事，人生格局也能大一些 / 187

做一个勇于犯错的大英雄 / 190

可享当下安乐，却不妄图长久安逸 / 193

双手挣来的稳定才是真的稳定 / 197

不逼自己一把，你不知道还有这些天赋 / 201

合适的机会只会在你足够努力之后才会到达 / 206

生活的好坏与城市无关，与你的选择有关 / 210

你若是对自己要求严格，别人又怎么能够对你严厉苛责 / 216

我们都要经历一段沉默而充满力量的奋斗时光 / 220

## 第五章　新的思维带来新的成就

如果你不能适应苦难，苦难就会绑架你 / 227

打破常规，创新求变，你会拥有更多的成功 / 235

将生活磨砺出微光 / 237

摔跤后，记得笑着爬起来 / 241

调整思路，为梦想找到一道侧门 / 248

世上没有漫不经心的成功 / 250

你越优秀，别人越想靠近 / 253

适应环境，而不是让环境适应你 / 256

自己与自己的较量是最残酷的 / 259

活出自信，做最好的自己 / 262

低调是一种强者的处事智慧 / 266

智慧改变命运 / 273

打破思维，坐在家里也能拿高薪 / 276

# 第一章

## 别人不走的地方才是路

# { 所有的成长都是踩踏着满地的错误来实现 }

周末参加一个活动，中途我去洗手间，出来被一个小姑娘拦住，她约摸二十出头的样子，长得羞怯，说话却大方，"我很喜欢您刚才的演讲，能跟您聊几句吗？具体要问什么我没太想好，就给我一点人生建议，行吗？"

突兀的问话像是给我点了穴，我傻愣在那里，不知道该说什么好，没想到的是我也到了能被问人生建议的时刻，要么是别人看来我真的是老了，要么就是真的功成名就了。当然，我肯定属于前者，三十岁的人了，谁说我老，我都不会挣扎着反驳。

因为二十岁的眼睛看三十岁的人，一定是觉得彼此隔着千山万水，多活了十年，应该攒了点拿得出手的经验，时间挥霍了我们的青春，总得留下点吉光片羽。

或许是性格使然，我分享不出光辉闪闪的成功过往，回过头去看，所有的成长都是踩踏着满地的错误来实现，很难跟光彩二字扯上关系。

有时我会羡慕那些一路走来自我保护的很谨慎的人，整齐精致地迈向三十岁，每一步棋都走得无懈可击，但我清楚地知道，我完全没有做到步步为营，但是我感激犯下的所有错误。

之所以说是错误，是因为它们未必再适合现在的我，甚至偶尔想起来还会觉得"不应该"，但我成为现在的自己正是因为这些必然要犯的"错误"。

[ 拼命赚钱 ]

是拼命赚钱，不是努力赚钱，这两种程度之间隔着十条街不止的距离。

二十多岁的时候最有拼劲和闯劲，精力足也学得快，有时候，你多跑十步胜过十年后多跑百步。在二十啷当岁尽可能地赚到人生第一桶金，会帮你以后更快速地积累财富。

说句最直白的，你有十万块钱再去赚一百万的可能性要远大于从零开始再赚到一百万。

你要知道，工作不是赚钱的唯一途径，多去关注其他行业，尤其是新兴行业，探索一些新的可能，哪怕是不起眼的事情，你也会有收获。

我读研究生的时候，做过"倒爷"。那年去香港玩，买了两款罐装唇膏，十分貌美，每次拿出来用都被人问在哪买的。我琢磨了一下，唇膏价格在大家可以接受的范围内，在当时还不发达的某宝搜索发现这款唇膏售价比我买的高出40%—60%，再加上往返北京和广州的运费，单买一只唇膏非常不划算。

当时我灵机一动，决定做团购，让一位在香港读博士的学姐帮我发货，我在学校论坛发帖招募人购买，价格当然比某宝买价格低，没想到第一次团购在三天之内就卖了几百只。

就这样，做了很多次唇膏团购，我赚了两万块钱。在2010年，两万块钱对于穷学生来说是笔不小的数字，很多同学说你赚钱真容易，看起来是容易，无非是发帖接货发货，但其中有很多细节是别人不知道的。

团购的发货时间都在晚上10点之后，取货的人多，我得在宿舍楼大厅里待到12点才能回去，夏天被蚊子咬，冬天抱着热水袋也还是冷。

有时候一下子围上来十几号人，取货给钱找零，还有没参加团购的人好奇过来问，我都要一一应付，最要命的是，还要处理各种奇葩问题，有人拿假币，有人当场告诉你这不是我想要的，或者是临时换货……

发货完回宿舍，看见有人跟男朋友煲电话粥，有人在被窝看韩剧。相比之下，赚钱岂有容易二字可言？没有一分钱不是血汗钱，虽然这不是我第一次赚钱，但是跟上学期间一直跟家里伸手的人，我更早地知道了赚钱不容易，得珍惜。

后来我还做过类似的团购，我知道赚这样的钱不存在特别高的技术含量，但是在当时我对社会的认识和了解当中，这是我能用吃苦换来的最大价值，早吃一点苦也没什么不好，人生的苦和甜都是相当的，我相信我能交换到甜头。

对，是钱帮我尝到了甜头。

手里有了几万块的积蓄后，我没有乱花，我在计划怎么花才能赚得更多。这个"更多"里，不只是钱，也包括其他。

想在心理专业上提升自己，当然要多参加学术讨论和培训工作坊，工作坊价格都是很高的，几千块钱是稀松平常，很多同学舍不得花这个钱，但是我舍得。

如果没有当初拼命赚的钱，我承认自己消费不起昂贵的培训费，在咨询方面的进步也不会提升的那么快，当然也就没有了后来的很多可能。

培训期间认识了一名学长，他自己开了公司，业务内容也是基于心理学研究提供一些报告和方案，他说如果你有兴趣可以尝试着写报告，作为我这里的兼职研究师提供报酬。

除了自己的作业和课题内容，我花了很多时间了解了相关的文献，在这个过程中弥补了知识盲区，了解了如何将心理学研究成果转化为可以实操的内容，甚至体会了一家公司是如何工作以及他们需要什么。

熬了几个晚上，牺牲了两个周末，我终于提交了第一份报告，学长很满意。后来我们发展成长期合作，我把之前参加工作坊的钱又赚了回来。

工作以后，我继续兼职做咨询，拓展其他收入。很多人跟我说，你一个女孩子，不用那么拼命。

我想说，如果赚钱能让我过得好一点，我不介意在二十几岁的时候这么拼命，因为我不知道未来的我，或者是三四十岁的我有了其他生活羁绊后还有没有拼命的资本，而当年的拼命也保障了我在以后精力衰减、学习能力下降之后依然有前期的积累打底，不用过得特别辛苦。

钱其实没有给我带来超出一般人的快乐，但是它能带我去到一个新的地方和阶段，这是拼命赚钱的意义所在。

现在的我没办法再向以前那样持续消耗自己，懂得了平衡健康、生活和工作，从现在倡导的"慢生活"角度来看，拼命赚钱是一个错误，但这个错误让现在的我有了底气，我二十多岁的时候的拼命给我的底气。

[ 不留余地去爱 ]

赚钱肯定不是二十多岁唯一的任务，旺盛的荷尔蒙和仿佛耗不尽的情感需求催化着我们接近爱情或者是某个人。

人类一生都需要爱需要陪伴，但每个阶段能得到的爱都不一样。有人说，如果你保持一颗年轻的心，什么时候都可以遇到爱情。这话没错，但是走过了才能体会，三十岁的爱情尽管你再认真，但做到全情投入，实在是特别苛刻的要求。不是你不愿，是你做不到了。

你有了顾虑，有了疮疤，会不由自主的计算得失，聪明是聪明了，但这种计较不会让你痛快。三十岁的爱依然存在，但已经是在一个有限范围的爱，它丧失的是初生牛犊不怕虎的那份勇敢和果决。

二十岁的时候我敢为爱走天涯，但是现在我会眷恋柔软的床，舒服的咖啡馆，北京的五环路，哪怕是一碗家附近的热汤面都能挽留住我，不是不爱了，而是我有了羁绊。

不留余地的爱就应该还给二十岁，为一句话甜蜜，为一张面庞倾倒，如果爱着你，北京零下二十度的夜晚我都愿意陪你压马路，能给的我都给，而你也请交给我你的全部，让我们的人生纠缠在一起，拭目以待能描绘出什么样的天地。

二十岁的我眼里揉不下一粒沙，现在的我知道了有些事要睁一只眼闭一只眼，二十岁的你能不眠不休搭硬座来看我，现在的你却觉得少见一次并没有什么关系。如果曾经在二十岁爱的跌宕起伏，全身心付出，三十岁的你才心甘情愿接受平凡可贵，才不会留存那么多后悔。

在最年轻的时刻，我给了最真实的我，我遇见了最坦诚的你，我们在这段关系里不留余地，不谈得失，人生难得几回如此淋漓饱满的付出和索取，这才能称之为真的爱过。

前几日回母校见老同学，她说回到这里我又觉得难过，虽然已为人母，但还是遗憾，当初我为什么矜持退缩，为什么不多爱一点。

三十岁不仅衰老了皮囊，那颗心也疲惫了。

就算当年爱错了，也没什么可怕，要犯错请趁早，更何况，没有全情投入的爱过，你是永远学不会如何去爱的。

## ［无条件信任］

肯定有人告诉过你，不要轻易相信别人，更别提彻底的无条件的相信了。现在的我也这么认为，但如果能重返二十岁，我依然会选择无条件的去相信。不是没被人愚弄过、骗过、伤心过，所以敢天真妄言，而是二十岁输得起一份信任，但要是赢了，赚得的是人与人之间最本真的联结。

抱持无条件的信任，没有让我活在小心翼翼的猜忌中，这是简单而快乐的，也是因为交付了信任，对方感知我的真诚，无需彼此试炼，达成了最坚固的友情。如果当初怀着试探的心情，可能会少受一些伤害，但也可能失去了可贵的情谊，这个赌注值得放手一搏。

当大多数人年龄渐长，防备变得越来越多，即便你们都是善良的好人，也未必有运气能成为挚友，你会变得一切以利益为先，这真让人身心疲惫。

幸好曾经有过的无条件信任让我看到了美好的部分，所以退一步我仍有可以互相信赖的人坚守。这都归功于二十多岁的时候大胆无邪，就算每一次都被辜负又如何，这些失望终会结成温柔的茧，成为你的保护壳。

现在看来，当时很多不由分说的信任都是错的，但如果没走过这一遭，可能三十岁的我还学不会分辨，并且失去了被信赖和信赖他人的幸福感。

[ 有冲动就去做 ]

我曾以为我会永远年轻，永远热泪盈眶，至少二十几岁我不停踏上旅程的时候对这一点如此笃定。

但是现在我的体会却是，折腾不动。

我做过不少冲动的事情——

听说夜爬香山登顶会看到最美的风景，于是我决定当晚就去，第二天我看到了最美的日出；

大学在论坛上认识一位非常聊得来的女生，从未见过面，有一天她说再呆一个星期就要出发去德国留学，遗憾没有见到我，我第二天就买火车票坐了一夜硬座去武汉找她，那是我所有武汉之行最开心的一次，而她也成了我唯一见面很少却有深入交流的朋友；

还有当年莫名觉得做口译特别酷，于是花了一个学期苦练口语，最后考下了口译证……

看起来冲动之下的每一件事都跟我的人生主旋律没有太大关系，甚至可以说是偶尔走了一截弯路，但即便它们都是无用的，也有勇气和魄力值得怀念。

冲动这个词，听起来就属于青春，以后的你会无奈越来越多，冲动的势力越来越微弱，大多数时候情绪是平稳的，说不清是看淡还是麻木，但早已难有冲动难以肆无忌惮，即便偶尔闪出想要做这做那的念头，稍候片刻也会被心里的另一个自己打败。

生活就是如此，需要我们学会压抑和克制，这注定是日臻成熟的方式，但为什么不在二十几岁还能保持激情的时候尽情去做想做的事呢？即便有一天老去，想起我曾经满足过不知天高地厚的那个自己，还是会欣慰。

就像现在三十岁的我，做任何事都会习惯性的权衡：值得吗？有意义吗？我能得到什么？

这不失为一种精明，但再难尝到当年的快感和潇洒滋味。或许，这正是那些冲动之下做的事情表现的"无用之用"，它们偷偷地让你一点点去接近自己最本真的样子，不经意间丰富了你的人生体验，扩展了你的视野宽度，是它们让你的青春有那么一点与众不同。

看起来差不多的三十岁，背后却拥有不同的二十岁故事，或许是因为每个人都犯过不同的"错误"，但这些错误真正可贵。笼子里的金丝雀犯过的最大错误不过是打翻了食盆，充其量算是茶杯里的风波，可是招惹过秃鹰，险些丧命在猎人的枪下的飞鸟，虽然遍体鳞伤，但这些错误让它自由，让它更富有生命力。

如果现在让我再重新活一次，我还是想再认真完整地犯一遍这些错误，只可惜，很多东西，只是一期一会。

## 路无难易，难的是开始和坚持

直到现在，还有人不断来问我：你辞职了吗？没错，我辞职了，这已经是一个多月以前的事了。我是个性格冲动的人，但辞职这件事绝不是一时冲动，而是思考了很久的必然结果。

是什么时候开始有了辞职的念头呢？追溯起来应该是好几年前了，有那么一天，某位领导突然来了兴致陪贵客去爬山，临时要求安排一个记者去随行。我正好被安排了，于是只得斥巨资打的过去（那时还没买车），然后连滚带爬地往山上走。等到我气喘吁吁地追上他们时，被漫不经心地告知，低调一点，今天这事就不用报道了。

我心中有一万头草泥马呼啸而过，你要低调的话，何必叫记者过来？就在那一瞬间，我对这份工作的意义前所未有地产生了怀疑，心里有个声音不断响起：老子不想干了！

这是一份表面上看起来还算光鲜的工作，尤其是在几年前，纸媒还在黄金期的末尾。哪怕我辞职了，我也要说，这是一份很好的工作，它可以提供不错的薪酬、相对的自由和见识外界的机会，记者不是不好，只是不适合我。

我爸爸曾经以我找了这样一份工作为荣。在他看来，做记者接触的都是地方官员、行业精英，谈笑有鸿儒，往来无白丁，既然整天和这些牛逼哄哄的人物打交道，那想必也一定很牛逼了。

爸爸的想法不稀奇，只能说是外界对这个行业的普遍误解。说白了，这种所谓的接触只是浅得不能再浅的关系，接触过后，谁还记得你是谁？当然有很多人以此为荣，但对于我这种太过敏感的人来说，很多时候只觉得紧张、乏味甚至耻辱。

除去最初两年刚刚入行的新鲜感外，这工作对于我来说就是漫长的忍受，难以想象，我居然忍受了很多年。作为一个有些社交障碍的人，我被要求不得不去和形形色色的人打交道，应付各式各样的状况，很多人对此如鱼得水，而对我来说，无疑是种折磨。

有些人可能会认为，你这么能写，干的恰好是文字工作，那简直太适合你不过了。这类人根本就不理解新闻和文学的区别，我的文学素养对于撰写大部分新闻来说并无帮助。每次我写下那一篇篇"本报讯"时，心里都有些发虚，毕竟，换了任何一个读过高中的人，要写出这样的东西都是毫不费力的。

换言之，我从事的是一份极易被取代的工作。这工作除了给我报酬外，带给我的是焦虑、惶恐和自我怀疑。有时我也会费劲地去写一些所谓的深度报道，自然是得不到任何好评，更多的时候我甚至不愿意投入心力，只是想尽快把它写完，好腾出时间来去写我想写的东西。

有那么几年，我还是想把工作干好的，反反复复总爱问自己：你到底能不能成为一个好记者呢？最终的答案是不能，我顶多只能成为一个合格的记者，不迟到，不拖稿，不索要红包，因为它对于我来说只是一份工作，而且是份不喜欢的工作，我没法全情投入。

这样的状况，上司自然是不满意的。职场评判人的标准很简单，你可以不能干，但态度必须要端正。像我这种，当然是属于态度极其不端正了。

而我自己又何尝满意了，我是那种渴望成长的人，长期干着自己不喜欢的工作，只会感觉到生命能量日渐萎缩。如果说我还有两分才华的话，这个工作毫无疑问没法发挥我的才华。

我生性好强，事事不愿落人下风，在很长一段时间内，我所做的很多事都是为了活成别人眼中光鲜的模样，一件事即使不喜欢不擅长，我也会咬着牙关想要把它做好，只为了证明我不比别人差。

所以当我认识到我并不喜欢这份工作后，我还是咬紧牙关又干了好几年。那段漫长的岁月真是迷茫极了，就像站在十字路口，完全不知道该往哪个方向走。

每天早上一醒来，都在天人交战，感情告诉我，快去辞职吧，马上，立刻，一秒钟都不想干下去了，理想却告诉我，现在还不是辞职的最佳时机，再等等看。长久的纠结，搞得我都有点看不起自己了。

与此同时，我开始积蓄能量，在鸡飞狗跳的生活中坚持写作，只为了某一天能够攒够传说中的"fuck you money"，充满底气地去辞职。

其实直到辞职那一刻，我还不能算充满底气，只能说是有点底气，我当然也没有攒够足以让下半辈子生活无忧的钱，只能算是薄有积蓄。那为什么会突然在这个时候提辞职呢？那是因为我想通了，人生不可能有完全准备好了的时刻，有些事情你现在不做的话，那可能就一辈子都不会做了。

放弃干了这么久的工作可惜吗？当然有点可惜，因为以后再没人每个月固定给你打钱了。至于很多人所说的人脉，倒一点都不可惜，我从来不在乎自己有没有人脉，我只在乎自己有没有朋友。没有了那些所谓的人脉，我的世界就只剩下两种人了：真心喜欢我的，以及我真心喜欢的。多么单纯多么美好。

很多人都问我：辞职了准备去哪儿干？找到下家了吗？对此我往往只笑不语，因为我觉得如果我说出"我要去写东西"的答案后，会引来更多没完没了的盘问。是的，我要去写东西了。全心全意，尽我所能。

如果说每个人都有初心的话，那么写作就是我的初心。我从小就想当作家，写作是我至今为止最喜欢也最擅长的事，如果要我来列遗愿清单的话，排在第一位的应该就是：写出好的能被大众认可的作品。

人生苦短，我只想优先去做对我来说最重要的事情，我不想等到临死前才去懊悔，为什么在年轻时不能腾出几年时间来，供自己追逐梦想。

有人会说，唉呀你都三十多岁了还谈什么追逐梦想啊，就不能现实一点吗？

没错，我三十多岁才去追逐梦想是有点晚了，可再不开始行动的话，我很快就会到四十岁了。一个人如果想要去真正做点什么的话，什么都不能阻挡她，年龄不能，境遇也不能。任何一个人在尽了对家庭的责任后，都有权利去追求自己的梦想，哪怕她已经三十多岁了。

在此之前，我更多的是作为一个社会人，为家庭、为社会地位、为责任和义务而活；在此之后，我想能够为自己而活，即使没法取得什么成就，至少也一天天活成自己喜欢的样子。

这种选择肯定会令不少人惊诧莫名，毕竟，在人们的心目中，全职写作基本上可以和饿死划上等号。自古文人多落魄，一说起写东西，大家马上会想到家道中落的曹雪芹，住在黄叶村里，举家食粥，借贷无门，全家都在风声里，九月衣裳未剪裁，一边吐着血一边吭哧吭哧地写着《红楼梦》。还会想起一生漂泊的杜甫，小儿子饿死了，自己老病无依时被困在一叶孤舟上，最终因为饿过头吃了太多牛肉把自己撑死了……这样的场景你还可以想象出很多，请自行脑补。

以写作为生的人当然绝大多数都是很清贫的，这点从古至今都没改变过。幸运的是，作为一个写作者，现在可以算是迎来了最好的时代，这一点越办越火的中国作家富豪榜可以作证，排在第一的唐家三少年收入已经破亿。这些金字塔尖的人就不说了，金字塔中的人过得也不错，我认识的人中，有可以靠版税在北京买房的，有一本小说的影视版权卖了上百万的，他们不仅靠写作过上了体面的生活，而且还过得相当滋润。

听说我想去写东西时，有朋友就说：挺好的，去做点自己喜欢做的事，哪怕钱少点也无所谓的。

对此我要大声地说"NO"，我是个很理想化的人，但还没有理想主义到为了追求理想宁愿饿死的境地。对于我这种视钱如命的人来说，钱少一点点都是很有所谓的，我选择写作，除了热爱之外，还因为它可以给我带来比工作更丰厚的回报，以及更可观的"钱途"。一句话，为什么要不工作去写东西？因为想挣更多的钱。

要是有一天写东西挣不到钱的话，我会老老实实跑去再找份工作，让写作回归为爱好。关心我的亲友们请放心，作为一个现代女性，我时刻都谨记着自己肩负着养家糊口的重任，一刻也不敢忘怀。至于一把年纪还找不找得到工作，用我妈的话来说，这年头，只要你愿意去努力的话，难道还会饿死人吗？

我特别喜欢黑塞的一段话：对每个人而言，真正的职责只有一个：找到自我。

然后在心中坚守其一生，全心全意，永不停息。所有其他的路都是不完整的，是人的逃避方式，是对大众理想的懦弱回归，是随波逐流，是对内心的恐惧。

很久以来，我不敢辞职，除了对未来的不确定外，其实也是对自我的逃避。别看现在大家都说什么要找到自我，其实绝大多数人都在逃避自我。为什么那么多人不敢去做自己最想做的事？因为他们害怕竭尽全能后，发现自己并无天赋。人们最恐惧的并不是失败，而是自己的无能。所以他们将这件事一再延迟，以至于今生都没有机会投入于此，也至少能让他们保持这样的幻觉：我是某个领域的天才，只是环境限制了我，使我没有机会发挥自己的潜能。

我之前不敢尝试全职写作，正是基于对此的恐慌，我害怕真正去做了的话，会打破幻觉，会发觉自己并无写作方面的天赋。可现在我决定不再逃避，而是迎着自己的命运一步步走上前去。每个人都是带着宿命来到这世上的，写作就是我的宿命，如果这注定是一种幻觉的话，也得由我亲自来打碎。我不想等到别人来告诉我，你原本可以做到，或者压根就做不到。

迷茫的时候，很多人都会选择好走的路。比如有人就建议我说，你完全可以一边工作，一边写东西啊。工作是锦缎的话，写作就是锦上的那朵花，这样多好啊。

很多聪明人就是这样干的，这世界上的聪明人已经够多了，我不介意做个一意孤行的傻子。没办法，我从小到大就是这样，在做选择的时候，从来不会去选最好走的那条路，而是选最想走的那条路。对于不喜欢的事，再怎么勉强也坚持不下去，对于喜欢的事，却可以倾我所有，全力投入。一边工作一边写作只能让我写出碎片化的东西来，而我真正的梦想，是用手中的键盘，去构筑一个独属于我的世界。

小的时候，我特别希望能够和小伙伴们一起去闯荡江湖，每当《西游记》片头曲响起的时候，心中就不禁热血沸腾，仿佛眼前展开了一条金光闪闪的道路，那条路上有繁花似锦，有笑语喧喧，通往充满诗意的远方。

那么多年过去了，我终于出发了，那么多年过去了，我的血仍未冷。尽管出发得有些晚，尽管只是孤身一人，尽管这条路不会那么好走，但无论如何，我已经迈出了第一步。远方和江湖，我来了。还爱着我的小伙伴们，无须为我担心，请你为我祝福。有了你的祝福，这条路才会不那么孤单。

来，让我们再次唱起那首歌，找一个天气好的日子，一起快快乐乐地去闯荡江湖吧：你挑着担，我牵着马，迎来日出，送走晚霞。踏平坎坷成大道，斗罢艰险又出发，又出发……敢问路在何方？路就在你的脚下。

## ｛ 我们总是以别人为例来生活，
却忘了问自己是否幸福 ｝

[ 1 ]

几年前，有一段时间我进入"人生怀疑期"。当时家庭生活趋于稳定、平淡，工作也进入平稳期，没有新的有趣的东西，也没有办法实现大的突破，所以总觉得有一种很难言明的难受，情绪抑郁。

老公说，"你去看看别人家，不也这样吗，你到底想要什么呢？"他当时的意思是，在物质层面别人拥有的我们基本上也都有了，所以还有什么不满呢？

我想了想，斩钉截铁地说，"从过去到现在到将来，我所追求的就是幸福。这是永远不会改变的答案。"

他看着我，像是看着一个怪物。因为"幸福"这个概念太大了，大概很少有个生活中的正常人把它挂在嘴边吧——我们总是说"祝你幸福"，又或者，"他们过上了幸福的生活"，但是幸福到底什么模样，我们好像总是触摸不到。

是买了一栋心仪的房子的心花怒放，是提回新车开着去兜风的刺激开心，是获得升职加薪的兴奋激动……这些当然都是幸福的瞬间，但是，我所说的幸福，好像还不太一样。

我想要的幸福，是一种状态，是一种充盈内心的感觉，是我即便在一个朴素的生活环境里，也能时刻感受到的那种自在安然的感觉，是我对自己有认可，对周围有感知——那是一种很特别很私人的感觉，而不是别人看上去那样的生活。

## [2]

我们总是会以别人作为范例来生活。

小时候，是"别人家的孩子"影响着我们，他们或者很优秀成绩好，或者特懂事嘴很甜，当然也可能身材高挑肤白貌美，总之，他们永远都是父母口中你应该去参考的标准，真烦人。

长大后，我们若是对自己的工作有点不满意，会有朋友劝你，"那你同事不也这么干着吗"；若是我们对生活有些微词，家人会毫不客气地指出来，"谁家日子都是这么过，你还想怎么样"；尤其是当你想做点不一样的事情时，当你打算成为略微独特的你自己时，七大姑八大姨亲朋好友都会跳出来轮番游说你："折腾什么呀，你看别人都那样，过得也挺好，你咋就不行呢？"

所以，工作很不喜欢的时候，也迟迟没有跳槽或者辞职；感情谈得很不顺利时，总是下不定决心分手，毕竟别人也会吵架也会闹别扭不是吗？一旦进入婚姻更是如此，发现问题你想沟通一下时，对面的那个人可能会说："哪来的那么矫情，谁家两口子不闹矛盾，就这么点小事儿有什么好谈的？"

若是矛盾不可调和，来规劝你的可不止他一个人，而是变成了全家总动员。吵吵闹闹过一生是许多中国夫妻的"实践经验"，很多人是这样熬了一辈子熬到再也吵不动打不动了，但这不代表就是对的呀。

奇怪的是，有很多时候，我们居然就迷迷糊糊地拿别人的标准来衡量自己的生活了。

既然大家都能忍受得了这份枯燥的工作，那么我也没理由离开对吧？既然再找一个男朋友可能也会有争执也会有泪水，那又何必折腾呢？既然我的父母也是争吵了一辈子才终于"白头偕老"的，那么我那难熬的婚姻不必改变也能咬牙坚持到最后吧……多么心狠的我们啊，削足适履，一点点把自己变成了另外一个"别人"，而不是自己。

别扭地过着并不适宜的生活，苦闷地忍受着并不适合自己的一切，安慰自己说这就是人生。

可是，为什么不去看看还有很多别人，活得那么恣意那么快活呢？

[ 3 ]

踏入职场十多年，我看着很多同事辞职离开，有的去创业，有的跳槽，还有的做了全职太太。我的想法一直都是，如果觉得一份工作无法安抚内心的骚动，不能带来幸福感、成就感，甚至还可能掏空你的安全感，让你很焦虑、很烦躁，那么，就应该考虑改变，而不是得过且过，当一天和尚撞一天钟。

幸福是什么，成功是什么，我们到底怎样才能过上自己的理想生活？所有这些问题，肯定在每个人的脑子里都翻滚过。对我而言，到最后不过是最简单的一点，做自己。

我一定是跟别人不一样的，所以永远不要拿"别人也那样"这样的话来作为金科玉律，我常用的反击是："所以我才不那样。"我绝非不愿意听从别人善意的劝告和建议，我只是很认真地去找自己的目标，很努力地去做自己的事情，很用心地去投入，很自觉地接受结果。

和别人是否一样，永远不是我判断自己的标准。唯有我内心的幸福感，才是唯一标准。

## { 别的也许都能将就，唯梦想不能 }

[ 1 ]

我大概能想象，如今别人眼中的我，是什么样子。

家境不错，有一对超级疼爱并尊重自己的父母，闲来写写字画点画看看书旅旅行，不需要付出辛勤的劳动就有高质量的生活，性情乖张，完全不知民间疾苦。除了身体差一点，啥都不缺。

记得前些天，我在微信朋友圈里发了一张桌上放着刚刚完工的水彩画，几坨染了五颜六色的纸巾和洗笔筒、调色盘的照片，我说，这就是我的游乐场。点赞的人很多，我的朋友琪私下给我发来信息，她说，我看着你的照片，心里有些难过。

为什么难过呢？我问她。

我觉得好孤独。她说。

是孤独，不过我喜欢呀，我喜欢我的生活。我笑道。

我也喜欢你的生活，但我没法过你的生活。琪感叹。

这是一个认识十余年，见证了彼此成长过程中许多艰难时刻的好朋友说出的话，有理解，有同情，有真心实意的欣赏。这样的话，比点一百个赞都更使我感激。

"如何在疼痛中维持体面的平静"这个课程我修习了十年，如今仍在行进。

"如何在独处中获得快乐并且尊严",这是同时修习的另一课。

史铁生说他是被命运推搡到写作这条路上,我深表同意。回想过去,若不是少小患病休学、离群索居,我怎么会甘愿沉浸到枯寂的读与写。人生路途,与其说是无可奈何,不如以"命运"一言蔽之。

有时会猛然记起从前的日子,黑漆漆的小公路上一瘸一拐的女孩,因为父亲输掉了最后一百元而委屈心疼得要掉眼泪,她高考准考证的钱未交、照片未拍,彻夜不眠后翻出一张两寸照生生剪小成一寸。老师说这张照片不合格,她只好硬着头皮去照相馆拍照,拍完才对老板说,可不可以取的时候再给钱。

各人有各人的深渊,命运何曾放过谁。

那样黑暗的日子里,我无数次默祷,梦想是各种各样的。在不该再相信童话的年纪,我发了疯地想要一朵实现愿望的七色花,虔诚地一个一个默许自己的愿望。很多次痛着哭着睡去,幻想着醒来之后便是新的天地。

后来,我写字,写了很多字。希望这些字有朝一日能带我远离。

仔细想想,那时候的梦想几乎没有一个实现了,我到底没能获得健康,也没能去成非洲和北欧,更没能变得不可方物般美丽,但它们带着我,一次次地从生活的泥沼里爬出来。

人的向光性,并非本质有多么高尚,无非因为在明亮中比较容易过活。这点明亮是自己点燃的。

[ 2 ]

回老家装修房子的时候,我碰见一个旧日老友。我们坐在茶坊里喝茶聊天,他早已不是当年无所事事的落魄小子,如今在县城的工商局上班,是很得领导青睐的当红炸子鸡。他略微变胖，但依旧英俊，挽起的裤脚提示着他还未完全走入公务员的节奏，仍或多或少的保持了年少时的不羁。

我们谈到他的恋情，那个相恋十年的女友，我说，你们没有再联系？

他说：联系啥？完全没有联系。

我感慨：十年，从高中到大学再到毕业几年，挺不容易的。

他调侃道：是啊，她居然能忍我十年。

我说：就不会不舍吗？你的心呢？

他笑：我没有心。

又提及如今的恋人，在同单位上班，父亲是工商局的党委书记。我说你们相处得好吗？他问我什么叫好。我说比如有共同爱好，共同语言，在一起不闷。他说，随便聊聊呗，她说什么我就跟着说什么。我很突兀地问了一句：难道你们不交心的？

他愣了愣，随即响亮地笑出来，仿佛我说了个笑话。

是啊，我也忽然之间有点无地自容。我怎么能追问现在的恋爱关系里有没有"交心"。可想而知，我更不能问他，爱不爱她。这个问题多年前我问过他，那时他的女友还没有换，他毫不犹豫地说，爱。

是我有些不合时宜了。

面对我这样一个曾经被他认为知己的老友，他大概也为他的大笑而感到尴尬。我们放下这个话题，重新谈起工作，他说，工作就是经常下乡和老百姓聊天。他说，唯一可以感到快乐的是，有时候真正帮助了一些人解决困难，会油然而生一种价值感。

这些，多少冲淡了我心里的难受。

总是要有一点光，对不对？

要有那么一些东西，让我们在冗长繁杂的生命中，可以凭借着，活得不那么麻木。那天他送我回酒店，郑重地等着电梯关闭，我很感动，这是他年少时从未有过的体贴和风度，尽管明明知道，这举动或许来自无数次应酬饭局接送领导的心得。

我的朋友们，那些在风里飞扬过低靡过的少年们，他们都这样，慢慢地被生活的潮水没过头顶。

我的恶趣味之一，是和剩余不多的两三个学生时代的好友偶尔互通八卦，比如谁又生了第二个孩子，谁又胖得不可思议。男同学们长出了不自知的啤酒肚，而女同学们绝大多数穿着符合她们年龄的少妇装，抱着孩子，神态已俨然是当年她们母亲的模样。

我们戏谑而痛苦地讨论着，为什么她们那么妇女？——潜台词是，为什么她们脸上，竟然连一点点光也没有了？

同样发着朋友圈，玩着腾讯微博，她们说的话，永远是，哎，你怎么那么好命又出去玩呀？羡慕死了呜呜呜。你的照片好好看可不可以帮我拍？你这个包包好赞哪里买的？……

我可能有着绝症般的偏见，有时看着那些轻盈过的足踝死死踩踏在高跟鞋里，竟然想要放声大哭。想起来三毛在《赤脚天使》里写的，一个女友中了几十万西币之后第一件事居然是买了几十双捆绑自己的高跟鞋，让她完全不能理解。

或许高跟鞋是你的梦想，而赤脚是我的。

深知世界正因参差多态才丰富多彩，不免嘲讽自己太过偏执。只是永远无法在那些半真半假的羡慕和自怜中看清她们的面孔，从而失去有可能的真诚的对话方式。

我关掉网页，深吸一口气。的确不知道，还能交流什么。可以确定的是，我们歧路走远，在各自的路上，还好，看起来还不错。

少女十一二岁时，我们在一个女同学美丽的新居每日相聚，她的地板明净，于我们的水磨石地面的年代，简直犹如皇后的魔镜那样蛊惑人心。我们将地板用水冲湿，轮流小跑并蹲下，嗖地溜过去。傍晚的阳光啊，从好看的窗花纸里透过来，照着女孩秀丽结实的小腿，水汪汪的地面，将人映得好似透明。

[3]

回过头来讲我的朋友琪。

有一年，我正打算辞职离开成都，而她则徘徊在要不要辞职做生意，还是在艰难但薪水不高的职位上再坚持坚持。

我们在一个阳光和煦的日子约在新中兴门口见面。她说想买点东西。那时我没有钱，但新中兴这样的市场是不逛的，人太多，款式太多，我看不过来。琪带着我，如鱼得水地在熙攘人群中穿行，顺利地以20元的价格分别买下一个包包和一件T恤。我为她的杀价技术击节赞叹。她说，这算啥，走，我带你去吃好的。

琪所说的"吃好的"，是在新中兴商场的后门，有一间巴掌大的门店，门口摆着三四张小茶几，老板在卖钵钵鸡。人非常多，有的等不到位置就用袋子装了拿到别处去吃，琪担心我身体不好，先抢了一个位置给我坐下，自己才去拿菜。

我们总共吃了十来块钱。和琪吃过饭的人会知道，光是看着她吃东西的那种满足劲儿，你都没有办法不开心。吃完，我们步行走到王府井附近，走累了，随便找了个台阶坐下，在午后的倦怠中怔怔地望着人来车往走神。

一辆宝马车从身边徐徐驶过，她说，哎，要是啥时候，我能开上这样的车就好了。

我说，能的嘛，面包会有的，一切都会有的。嗯！她用力点头，眼里红红的。

学生时代我们便是如此相互鼓励，彼时她住着行将垮塌的三四个平米的危棚，高三临近毕业，仍旧三餐无着落。她的母亲为了她的学费，嫁了一个附近乡下的退休干部，那时正病得厉害，离不开人照顾。

我陪琪吃面，早上吃面中午吃面晚上吃面。除了有一次，她难过得灌下不知存了多少年的半瓶白酒，醉得不省人事进了医院，大哭大闹一塌糊涂。大多数时候，她都是高兴的，在街上老远看见，就两只手举起来拼命对你挥舞。

琪说，她的梦想，就是有一套自己的房子，哪怕只有五十平。

多年以后，她已经在成都买了第二套房，第一套给了她辛苦多年的母亲。

有一天我们在群里聊天说有什么心愿。有个女孩说想去爱尔兰旅行，琪说，她想换个好点的车，现在的车是二手的，老熄火，费油。

瞧，梦想并无高低，亦无俗与脱俗之别。你大可以向往平平淡淡，也可以追求轰轰烈烈。我之所以难过，是为了那些不再讲出梦想、甚至嘲笑梦想的人，他们放任自流地卷入浑浊的生活中，不再有坚持。

拥有梦想是一种勇气。

诚然它会时时刻刻折磨着你的心，但梦想就好像黑暗中的那盏灯，就算永不能抵达，至少使我们活得有方向，有召唤。那么一块亮堂堂的地方很重要，走在人群中，我试图观察辨别，有些面孔真的有光。

我喜欢家附近的那间超市里的送货女孩，每次在楼下按门铃，我开了，她都会大声地对着对讲机喊：开了！谢谢！

好多次她是唱着歌上来的，开门之后一脸发光的笑容。不曾询问过她的梦想，但我熟知那种光，从幽暗丛林里焕发，掩不了藏不住。

我有个高中同学，家境很窘迫，一度中断学业去福建打工。后来他挣了钱回来念书，每周从学校往返家里，步行四十余里路。如今这个同学是某所高校的美术老师，平日教书育人，放假便外出旅行，以徒步的方式一点点拓宽世界，丈量自己的人生。

有时我们做着一件事，是为了有朝一日不必做。过着一种生活，是为了终有一天能够过上另一种生活。

我写这些字的时候，我最亲爱的表妹远远，正在广州飞往上海的航班上吃着她最讨厌的飞机餐，为了工作，她一年几十次往返于各条航线，一旦得空回到自己小小的出租屋，无论多晚，最愉快的事情就是为亲手做一顿不潦草的饭，凌晨三点的两菜一汤对她来说不是负担，而是为自己加油的正能量。

今年端午那天，我和久别的远远躺在酒店床上休息闲聊，她换了新的发型，又像孩提时代那样，将我的裙子轮番试穿一遍。这好不容易相聚的一日，竟然舍不得拿来补补睡眠。我问她，你还记得你那会儿的梦想吗？她说当然。我现在也没变。

远远的梦想，是赚够钱开一间超级有格调的精品私房菜。倘若只认识现在职场上雷厉风行的她，又怎会得知这个梦想源于那父母离异寄人篱下的童年，她永远被饥饿困扰，成为一种精神上不愈的疾患。

要是实在不行，卖冒菜也可以呀，哈哈。我笑。别的都能将就，唯独梦想不能。远远说。

## { 不管是直路还是弯路，每段路都需要我们去经历 }

常常在夜深人静，在总结一阶段得失的时候，我都会在感慨，一路走来，自己真的是走了太多太多的弯路。在跟朋友聊天的时候，我也说，假如人生路上要是有个人可以带下该多好。

只是转眼又想了，假如没那么多次的摔倒，也许也就没有现在的我，也不是现在的我了。

大家应该记得上次我在文章里说的辞职考公务员的小学妹，用了8个月，她终于考上了。

不是真的公务员，是村官，但是她说，至少往前进了一步，以后会继续考的。她面试通过了，体检过了，很开心，也就打电话报喜了，因为是当初我老叫她一定要坚持考下去的。

想着她在大学没毕业的时候，我就告诉她，你这样子娇滴滴的小姑娘真的要考。

但是她跟我当初一样，毕业了就出来了，后面上班了一年半才辞职去考。

有时候我也在想着，假如人生能够倒着活那该多好呀，就不用走这么多弯路了。

每次听着韩红的《天路》，我都会觉得那好像真的是在写我的人生路。

想着在大学的我，要是可以像现在懂得这么多，那人生路肯定也都不一样的了。至少当初是不会那么早出来了，因为我的同学比我还笨的现在都读到博士了。

所以尽管感慨是感慨，但是还是想着，能多学一点就多学一点。

大学时，觉得自己厉害，书真的不用读那么多，更不用那么精的读。

毕业了，摔倒了，才知道，能多读一点，就多读一点，多读一点，就可以多懂一点。多懂得一点就可以少走一些弯路。这么多年来，每年在走错路上花的钱比自己省得钱多多了。

当然，也是自己真的摔倒了，痛了，才会这样子的感悟。

所以，现在总是会拼命地总结，拼命地去学习，我知道，用心多点，以后就可以多顺点。

现在的弟弟也跟当初的我一样了，我怎么说他他也不会听。也是告诉他要考公务员，但是他却还是说不考，并且说公务员的种种不是。对于此，我也真的是不能说什么。

因为他没有经历，我告诉他，而且他还年轻，抵触心理特别的强。

自己成长才是对别人最大的帮助，每次别人不听时，我都是对自己说这句话。

也是呢，自己也真的是还成长得不够，至少很多的东西都还没做好。

只是在内心深处我也都在想着，能少走一点弯路就少走一点弯路，虽然我知道走弯路是必须的。因为知道自己一路走来真的不容易，很难很难，身边的好多朋友也都是起落几回。

上面那个考上村官的弟弟，90年的，我们也都经常会聊，他现在是自己开店的。

他初中还没毕业就去上班了，当搬运工，月薪800元，做了2年，觉得要出来自己做，于是就想着去成都开店，正好碰上酒会，结果去了2个月把积蓄花了大半，只能回来。

后面回来上班，上了1年，又听说北京好开店，去了半年，钱也都花光了，人又回来了。

还是那月薪800元的工作，只是从北京回来后，他不再当搬运工，而是跟老板说，在店里当帮忙卖货的小弟。月薪还是800元。1年后，他出来自己开店了，在老板隔壁开。

结果老板的客户被他抢得差不多，但是对于他来说，他是成功了。

至少一年可以赚40万左右。第一年开店，一年40万，没那么简单的。

别人都是要开店几年才可以盈利，但是他说，他第一天进货过去，货还没有摆上，很多的客户就当场定下了。因为对于他来说都是老客户了。

其实我们大家都知道，要是没有他上面2次出去自己闯，肯定他也不知道自己到底还要做什么，还有哪些地方需要注意的。也是经历过了，才懂得什么才是最为需要的。

因为他创业的时候2万块起家，家里支持1万5，但是装修就花去了6万。

那些货呢，这些可都是在原来老板那里上班，偷偷积累下来的信任，一下也才起来。

前几天他过来找我的时候，我弟也在旁边，我们一起吃饭。

他也说，一定要考，因为他姐姐考上了，但是我弟弟还是老样子，反说了别人。

我们想到网络也有很多很多的人，也总觉得别人容易。

只是当他自己真的去做的时候，会发现，真的没发现，没那么简单。

因为他自己没经历过，很多的东西，他还在自己猜想的阶段，不是真的成长。

比如我们知道一个人他也就靠天天写文章，一年可以赚100万，他什么写作手法，每天写多少字，在哪里写，写什么文章我们也都知道了，但是我们去做了，真的能赚100万吗？

更主要的是我们能像他那么坚持，能写出他那么好的文字吗？

开酒吧那个朋友说，人很多的时候，真的是高估了自己。

总觉得自己可以做很多的事情，其实当真的去做了，才会发现，自己真的什么都做不了。而且所能做的一点还是花了很多的精力去换来的。我知道他说的这句话是真心话。

跟我们很多人一样，他也是经历过太多太多的失败。

为了创业，曾经把房子都卖掉的人，也曾经天天到处求人，却是依然没有一分钱收入。

他说，什么东西该做，什么东西不该做，什么东西该怎么去坚持，自己真的经历过了，体验最为深刻。有些东西甚至砸得脚痛了，甚至自己一辈子都不会再去碰了。

比如脚踏两只船，找两个老婆，世界上有没有这样子的人，好多。

只是太多的人因为这事翻船了，多少年的心血毁于一旦。翻船的人相信不会有第二次。

当然，不管怎么样，肯定还是会有一大批的新人前仆后继地去尝试。

想着当年的史老大也是，也是做了很多很多的事情。

最后也终于发现，其实一个公司，能做好一款东西已经都很难很难了。

当然他现在是厉害了，更多的东西是看得更深了，比如他知道，最暴利的行业是看起来最不暴利的行业。比如银行。最厉害的人，不是多面开发，而是能专注一点的人。

进入一个新的行业，每个人的成长，走弯路都是必须的，只是多与少的区别了。

人肯定都会遇到边边角角的问题，最关键的是，我们能不能多学习，然后在碰到的时候能少损失。更关键的是，我们能不能懂得总结，争取不第二次的走那段弯路。

达到顶峰的山路都是盘旋向上，人生也是这样子。他的每段路都需要我们去经历，要走直路，直接向上，那需要我们有很好的基础，很好的积累。人的成长都是经历积累起来的。

## { 做多了配角，做下主角又何妨 }

[ 1 ]

涛被大家戏称为"三太子"，因为他拼命挣钱的架势，就像是长了六条胳膊的哪吒。

涛比我大一岁，有着我羡慕的成熟、冷静和自信。

但熟悉涛的人都知道，刚上大学时他无比的自卑，甚至可以说是绝望的。那时候，他爸爸因为吸毒败光了家财，而且还欠了很多债，多到亲朋好友都不敢再和他有往来的地步。为了上大学，涛的妈妈硬着头皮求了娘家人，这才凑齐了学费。在大学里，涛既要保证优异的成绩，以期获得最高的奖学金，还需要兼很多份职，以承担自己的生活费。

那时候的涛，连生病都不敢。也正因为如此，"国家奖学金"、"优秀大学生"等好事接踵而至，他还被学校保送，去美国公费学习了一年。再后来，涛又被教授举荐成了某大公司老总的得力干将。

你看，人生中那些最凶猛的好运气，最初出现在你面前的时候，往往是一副穷凶极恶、青面獠牙的模样。它让你觉得全世界都在跟你作对，全人类都在拼命地愚弄你。

但实际上呢，那或许是惊天逆转的开始。

我曾问涛："很多人都有绝望的时候，他们有的说熬，有的说挺，你呢，你是怎么过来的？"

他想了一下，平静地说："我是盯着结果过来的，比如说奖学金，我就很看中它的分量，因为它至少可以让我少做两份兼职；比如说被教授举荐的机会，我就看中这次机会的意义，因为它可能彻底改变我的人生。所以我会比别人更拼命地去争取。当然也有不如人意的时候，但我的策略是，在尘埃落定之前，奋力一搏。"

我又问："那你是觉得结果比过程重要了？"

他语气坚定地说："当然是！你看大家只知道是爱迪生发明了灯泡，但谁记得很多前人们做出的贡献？"

[ 2 ]

在我们身边，有多少人是在考试前一个月心想"争取第一"，在考试前一星期变成了"努力就好"，最后在考完过后又自我安慰说"重在参与"。

有多少人，在初入职场的时候胸怀大志，在工作期间默默无闻，最后变成了碌碌无为？

这些人有一个共同的特点，他们都相信同一种论调："只要过程努力了，结果并不重要。"这样的人，看似不在意结局、成败，他们总觉得自己输得起。

可实际上，是他们不作为、不努力，然后自我催眠，说一切现状都是正常合理的。

等到青春所剩无几的时候，他们又开始忐忑不安起来，开始害怕来不及去过自己想要的生活。

一旦当你人为地降低了结果的重要性，你就会比别人少一分努力，你以为没差多少。可正是这看似不多的区别，会造就两种完全不同的人生。

更要命的是，没尽全力的努力，意味着你既不能随心所欲地玩耍，又要对未来提心吊胆，纯粹是吃力不讨好的事。

[ 3 ]

世上只有成功了的人才有资格说结局不重要。如果你无法呈现出一个让人满意的结果，那么，无论你如何强调过程中多么辛苦、多么努力，都不会有人同情你。

任何事，唯有把它做完了，才能显示出你做得有多好。

试想一下：

如果你是一个设计师，你说你为了完成这个策划案，已经一个礼拜没回家，已经48个小时没合眼，那么老板会因为你已经很辛苦而放过你吗？

还是觉得你能力不行而怀疑你呢？

如果你是一个文字匠，你说你为了一个句子段子而绞尽脑汁，以求让文章以你最满意的样子呈现，这有什么意义呢？

你觉得煎熬的过程，读者是不会在意的。就像你去买西红柿，你只会在乎它的外观和口味，才不管它是如何栉风沐雨长出来的。

而且你的挑选和评论会很苛刻，因为你只在乎吃得爽不爽。

所以说，千万不要相信旁人对你说"结果不重要"这种话，因为你一旦真的搞砸了，批评、嘲讽、蔑视……会源源不断地朝你袭来！

[ 4 ]

别人在熬夜学习的时候，你躺在被窝里玩手机。

我问你怎么不去看书，因为考研已经迫在眉睫了。

你用被子捂住脑袋，低沉地回了一句："今年考不上，明年再考呗，考试不就是重在参与？"

别人为了找工作，努力准备各种证书，做简历，总结实践成果，你在认真地看连续剧。

我问你怎么不出去试试，因为你身边的人都找到了不错的工作。

你被剧情感动得泪眼模糊，哽咽地回了一句："这次没赶上，下次再去，面试不就是重在参与？"

别人加班、吃泡面，工作没完成的时候折腾到一两点，你心安理得地把工作留到第二天，吃得好、睡得好，效率比别人差了不知道多少……

我问你怎么不加把劲，因为领导正准备提拔一两个人。

你专心致志地刷着朋友圈，回了我一句："今年选不上，明年再选呗，评优不就是重在参与？"

一定有人曾经跟你说过这句话，他们志在参与，他们不要求自己付出多少，他们只想看看到底发生什么事、以及会发生什么事，他们想当个局内人，但是又不愿投入太多，于是抱着重在参与的心态，来当奇迹的见证者，而不是创造者！

我好奇的是，"重在参与"不是那些已经成功了、已经竭尽全力了的人才有资格说的话吗？什么时候变成了不作为、不努力的借口？

请醒醒吧，在这个充满竞争的社会里，比赛从来都是强者的游戏，只有弱者才整天把"重在参与"挂在嘴边。

重在参与的人，大部分从来没有想过完全投入一件事。他们是"差不多"先生或"来得及"小姐，总是觉得参与过就好、有经历过就好，他们觉得时间有的是，任何想要的东西都会自然而然地来到。他们以"分享别人的荣耀"为乐，却忘了自己一无所获。

这倒也验证了纪伯伦的那句话："对安逸的欲望扼杀了灵魂的激情，而这种浅薄的欲望还在梦想的葬礼上咧嘴大笑。"

很多时候，正是因为你的要求太低，欲望太浅，或者语气太温顺，所以命运才索性什么都不给你，结果你一无所有。

人生不能抱着重在参与的心态去敷衍，而是应该抱着竭尽全力的心态去拼。如果自己喜欢某件事，就百分之百地投入，否则就不要轻易答应别人，也不要轻易答应自己只会付出一点点、只会做一半的事，因为这样既无法与别人好好合作，又浪费了自己的时间。

重在参与的心态会毁了你的热情，还会抹杀你的努力。它让你既配不上自己的野心，也辜负了你所受的苦难。

[ 5 ]

那么你呢？

有多少人提醒你说"重在参与"？

你乒乓球比赛没进决赛，他安慰你说"不要紧，重在参与"；

你辩论赛第一轮就出局了，他对你说"没关系，重在参与"；

你送去参赛的照片被退回来了，他安慰你说"被退回来的很多，重在参与嘛"……

也许说"重在参与"的人是在关心你，但也有可能在无形中伤害到你。

因为他没有看见你的渴望、你的努力、你的用心。他忽视了你在这次"参与"里有多少浓烈的渴望。

[ 6 ]

前阵子，我和公司的一个姑娘聊天。她突然对我说："我在这个公司里，没有一点儿存在感。"

我问她："这种想法怎么来的？"

她说："上个星期我请了病假，有三天没来上班，回来之后，大家也没谁问我一句，好像我上不上班，也没人知道一样。我要是离开这里，不到半个月，就会被忘得一干二净了。"

确实，她是那种不爱说话、不太漂亮的姑娘，办事马马虎虎，接人待物也是不咸不淡的。

我对她说："存在感不是你每天和大家打了几次照面刷出来的，而在于你的出现有没有价值！大家在微信群里聊聚餐的事宜，你一声不吭地看着，看了半天发了几个表情图像出去，以表示自己在看，你让人怎么接你的话，又如何能给你存在感？大家在会议上争相提建议，你闷声坐在一边，听了半天也还是面无表情，然后再跟着大伙鼓鼓掌，以表示自己在听，你让别人如何了解你的想法？你在所有能够展现你价值的时候，都给人一种'重在参与'的姿态，那你说这事怪谁？"

决定存在感的，从来都不是你那没意义的喧嚣和参与，而是你的能力，你被人需要的实力。

[ 7 ]

大多数的失望难过，不是因为你真正丢失了什么，而是感觉自己不被别人重视。

为什么别人一张嘴就能得到大家的附和？

为什么别人发一条朋友圈就能获得满满的赞和满屏的评论？

即便是无聊的一句"今天喝水塞牙了"，也会被点赞无数？

而你，即便是期待别人安慰而发的朋友圈，也犹如石沉大海，无人问津。

你困惑不已，为什么会这样呢？

为什么就刷不出存在感，明明自己给别人点了无数的赞，而到自己这里什么都没有？

你甚至开始怀疑自己的世界："我周围的人都怎么啦？他们都不关注我吗？没人关心我了吗？是我哪里不对吗？大家对我有意见吗？大家不喜欢我吗？

不是的，存在感不是你参与了就会有的，它的本质是：你不争，也依然有你的位置。

因为不被重视而觉得失落、难过、委屈、不公，归根结底还是因为你不值得被高期望，不值得被更认真对待。所以，渴求重视的最好方式就是经营你自己，而非仅仅是参与。

如果每次任务你都把自己定义为一个被动者，一个需要别人指示、动员、催促的人，那么你活该被轻视。

如果每次聚会你都是被通知、被安排，那么你活该坐在聚会的角落里发霉。

既然你只是以配角的心态出场，又凭什么想要享受到主角的待遇？

# 赢在选了一条难走的路

[1]

旧友从深圳回来，在我的咖啡馆聊天，说到我们自己与这个多变的时代，她忽然悠悠地感叹道：你人生的每一次重大选择都是正确的。我反问她，你觉得至今为止，自己做过的最正确的选择是什么，她回答得干脆：买房子，去深圳。

买房子的时候，她谈了一个深圳的男朋友，感情正烈，答应帮她付房子的首付。她相中武大旁边一个高档小区，惶恐地下了定金，后来，她男朋友看到武汉的房产广告，说宝贝，你买的是武昌区最贵的房子。

她当时没有固定工作，生活过得安逸而散乱，买了房子以后，整天在我面前叫嚷压力大，然而，她整个人都不同了，开始认真写稿，认真找工作。

不久，她去深圳投奔爱情。去之前也是各种纠结，觉得她的根基人脉都在武汉，深圳那么大的城市，有没有她的容身之处？我毫不客气地对她说，其实你在哪儿都是一张白纸。

虽然男朋友后来还是分了手，她在深圳的工作机会却比武汉多。几年后，她把武汉的房子卖了，在深圳付了首付，再后来的故事大家都知道了，深圳的房价一个跟头十万八千里，她如今经常跟我们憧憬自己的退休生活：把深圳的房子卖了，回老家当富婆。

无论买房子还是去深圳，对于当时的她而言，都是非常艰难的选择，意味着要走出安逸，承担风险。

[ 2 ]

纵观我自己的人生，艰难的选择不计其数（请原谅我放纵不羁爱自由），简单说有三次。第一次是离开国企去杂志社，第二次是离开杂志社做自由写作者，第三次是离开睡到自然醒的自由写作者，做半夜爬起来写稿的公号狗。

离开杂志社的时候，我已经是编辑部主任，与女报杂志的同行聊天，他说，在我们这里，做到中层就很少有人辞职了。

我去杂志社不久，我所在的国企就开始裁员，此时我父亲"你为什么要放弃安稳生活"的质问言尤在耳。在我离开纸媒，做了几年自由写作者之后，纸媒的大船开始倾斜、沉没，别说中层，连高层跳槽转行都屡见不鲜。

我是一个有神奇魔力的人吗？当然不是。

讲了这么多，其实你们已经看出来了，无论我那位朋友眼里正确的两次选择，还是我在她眼里，每一次都正确的选择，里面有一个共性，就是在我们迷茫不知选哪一条路的时候，幸运地选择了难走的那条路。

[ 3 ]

每个人都向往安逸，安逸对年轻人而言却可能是一个陷阱。某一天，你会发现，你想过的安逸生活其实是一条下坡路，你要求那么低，却还是没有办法维持它的水准，因为时代变化太快，在拥挤的潮流中，你不向前，就只有退后。

向前、向上的路，通常是难走的，你会无数次想到退缩，无数次受到打击,你像去鹰群里抢食的小鸡,每一天都惶恐不安,害怕被吃掉,日子一天天过去,终于有一天,你发现自己变成鹰了。

做公众号的这一年,我经常有老娘不干了的念头。有时候刚按了发送键,脑袋里就跳出一个好标题,恨不得用脑袋撞电脑。公众号文章,标题意味着成功的一半。这种挫败感往往会持续到想到下一个好标题为止,起初是三五天,如今我只给自己一天时间。我做饭时在想标题,做梦时在想标题,我婆婆跟我说话时我还在想标题,这次见面,她觉得我最大的变化,一是瘦了(太好了),二是不爱说话了,我当然没办法告诉她"随时想标题"是什么鬼。

这一年,我频繁地骂自己笨。不过,我的另外一个体会是,你经常骂自己笨,别人基本上就没有什么机会骂你笨了。

[4]

经常有人问我,要离婚,要分手,要换工作,怎么选。这是很难回答的问题,因为基本上这样问的人,其实都希望选一条容易走的路,而在我看来,能够真正解决他们的问题,开始新生活的,恰恰是那条难走的路。

因为难走,你会调动自己所有的潜能,去克服遇到的困难,找寻自己舒服的点位,你受了最多的苦,也是最直接的受益人。

难走的路,通常是上坡路,你不是俯下身子去捡那种生活,而是踮起脚尖够那种生活。踮起脚尖当然累,还可能遇到拔甲之痛,但也只有这样,你才能收获理想的状态,就是你曾经的偶像,如今是你的同事;你曾经买不起的衣服,现在买了一件又一件;你曾经觉得做不好的事情,现在做起来就像左手摸右手。

你的潜能远远比你对自己的感觉靠谱。

我也为自己下过很多自以为正确的定义。比如我没办法在咖啡馆写稿，太吵；我没办法多线思维，一次只能想一件事；我没办法写快稿，一篇文章要在肚子里养成白胖子才舍得生；我不善于说话，不善于经营……现在，我的感受是，只有一件事我肯定做不到，那就是回到18岁，而且我根本不想回到18岁。

"我不行"其实只是你退回去的借口。你虽然不可能每一样都行，但我们所遇到的大多数的选择与难题，都是可以靠勤奋解决的，远远没有到拼天分的地步。

当你觉得自己做不好一件事，请问问自己，你有没有做梦都在想这件事。如果你做梦都在想怎样做好它，结果还是在及格线以下，你再认输。

"迷茫时，选难走的路"，是我送你的祝福。

# { 走别人选的路，别人也不会为你负责 }

[ 1 ]

前几天看一篇文章，大概是说有很多年轻人常年被父母所困扰着。

这种困扰有时候是软性的，有时候是硬性的。软性的大概是指父母常年念叨"你怎么不结婚""你看看别人家的孩子"等精神上的压力；硬性的是指当你决心做什么事情，他们就以性命相威胁，"从此以后我们断绝关系"，以种种为你好的理由迫使你放弃梦想。

随手打开一个豆瓣小组，就能看见有姑娘哭诉男朋友其实还不错，但是父母就是不同意；想去找一份自己喜欢的工作，父母却万分阻挠，要求孩子回家考公务员。

前几天，微博上有一条热门长微博，大概是一个姑娘找了一个还不错的男朋友，男生做着小生意，不算富裕，但也算是衣食无忧。她的父母认为做生意的都靠不住，非让她找一个公务员男朋友。他们为这份感情抗争了五年，男生想方设法地讨长辈欢心。不过，她的父母仍然不满意，对此各种威胁，最终拆散了这对情侣。

我的堂哥也是这样的人。

他的父母从小把他看得紧紧的，从小到大，无论读书、大学选专业，还是找工作，都得在其中插一手。

他从小喜欢打游戏，毕业以后，在广州一家大型网游公司当程序员。可惜，他的父母觉得这份工作太没有面子，非要想办法让儿子去事业单位上班。

堂哥当然不能同意，他母亲就天天去公司闹腾，今天闹自杀，明天闹心脏病发作，最终，他不得不辞掉自己喜爱的工作，眼睁睁地看着母亲花十多万疏通关系，去了一家事业单位过上无所事事的生活。

几年过去，曾经和堂哥一起入行的朋友都当成了游戏策划，过上年薪五十万元以上、有车有房的中产生活。我想，他终日郁郁寡欢并不仅仅因为昔日好友的事业成功，自己则是一个铁路小职员；更重要的是，他被迫放弃了自己人生中最喜欢的事情，而亲手推动这一切的人——偏偏是父母。

[ 2 ]

我想，不仅仅是豆瓣上、微博上的那个姑娘，我的堂哥，也有很多人面临着"听爸妈，还是听自己"的困惑。至于我，也曾经有过同样的纠结。

我的家庭是再传统不过的家庭，父母希望我能回到家里，尽量不要出去工作，随便嫁一个朋友圈里的儿子，每天逛逛街、吃吃饭就好了。当我刚开始写作的时候，家人问的第一个问题是："谁会去看呢，你为什么要浪费时间在这种事情上？"这种心情是很矛盾的，一面是父母希望你能放弃事业心，过上安稳的日子；一面是内心的召唤。

家人一直是我们很重要的部分，当我们想要去挑战一件事情的时候，首先希望得到家人的支持。我们需要的并不是喋喋不休的建议和阻挠，而是有人对你说："没关系啦，去试试看嘛，又没有什么损失。"只要不是铁石心肠的人，对于家人的打压和批判，还是会觉得很沮丧的。

我挣扎了一段时间，最后还是想明白了，父母和子女的关系就是一种情感，这种情感像所有的情感一样，不能要求其中一方牺牲快乐来满足另外一方，即使你顶着"孝道"大旗迎合父母放弃自我，最终这段关系里也会充满怨气。

听话更是伪命题。先不说绝大部分的父母对自己将要干涉的领域丝毫不懂，比如说，在事业上默默无名的父母跑去干涉子女的就业问题；婚姻不幸福的长辈干涉晚辈择偶。如果你听了这些人的话，就是对人生最大的不尊重。

说真的，你真的会听蛋糕师教你怎么修空调吗？

[3]

脱离父母的控制欲只有两种方法。

第一个方法是离开家去读书工作，在一个新的环境中重塑价值观，找到一群志同道合的朋友；第二个方法就是珍惜叛逆期，我一直觉得叛逆期是很棒的东西，它能让后代尽可能地脱离上一代的影响。

最终，我能坚持自己的内心并不仅仅由于坚强、心怀勇气之类，而是我对"这件事情"的喜欢程度到了"不给我钱都会想继续做下去"；当然，还有朋友对我的支持，志同道合的朋友永远是最坚强的心灵后盾。你会和父母吵架、闹翻，甚至来一场冷战，爱他们又把关系搞僵。可是，有一些事情现在不做，真的永远都不会做了；即使冒着被全世界打脸的结果，还是会想去试试看呢。

在我们做出选择的时候，还是可以听一下父母是怎么说的，最终的决定权还是应该自己来选。

任由父母操控自己的人生，有一个很大的BUG，就是他们帮你选了，却不帮你承担后果。比如说，你嫁给他们喜欢的男生，可是，那无趣的婚姻、糟糕的生活，他们并不需要去感受，吃尽苦头的仍是你自己。他们安排了一件你不喜欢的工作，每天上班面对奇葩老板的人也不是他们，而是你。父母是很重要的人，在无伤大雅的小事情上可以顺着他们的意思，而在重要的事情上，在关系到人生幸福的事情上——请在夜深人静之际，问问自己的心吧。

说一句不太礼貌的话，有时候，我们真的不需要那么在乎父母是不是高兴，他们和我们一样，是成年人，应该学习处理自己的情绪，而不是要求子女变成"让他们高兴的东西"。

你的生命里可能会出现很多人：父母、女朋友、好哥们……他们有时候会自以为知道什么东西对你是最好的，实际上，他们并不是那么了解你。

所谓对他人的尊重，最基本的一点莫过于——不要以爱的名义去阻挠他，因为，你无法代替他去后悔。

[4]

现实是能摧毁梦想的，闲言碎语能让你忽略内心的声音。

尤其在一线城市，每天都有很多人在压力之下忘记了初衷。没有梦想是一种错吗？当然不是，它是一种生活方式。

不过，我仍然会觉得，那个"非做不可的梦想"太珍贵了，如果你找到真正想做的事情，请不要那么早放弃它。

它们有可能都很糟糕，也有可能都很好。在上个世纪末，每个人都认为"工厂工人"是很稳定的工作，而转眼之间他们就下岗了。什么是安全的？什么是危险的？什么是有保障的？父母是不是对的？我真的不知道，就如同薛定谔的猫，必须打开盒子才能知道猫到底是死还是活。

我们根本不知道明天会发生什么，也无法预测；所以，我们只能尽可能地做好当下，做好每一件小事儿。

# { 生活不会一开始就给你一个最好的位置 }

[ 1 ]

进大学之前，世界于我而言是闭塞且规整的，无外乎现实中的桌椅教室，脑袋里的杂陈知识，关于试卷，也关于远方。狭小而充实，无需亲自探讨"价值"何意，已有人为我们划好冲刺线，冲过它，冲过高分、大学——这个世界的终极道义与信仰，另一个世界的门就被撞开，尽管内容不可知。

像一个小方格子，评判标准一条条陈列得好看，只需践行，达到克制与乖巧，然后获个规规矩矩的胜，来场规规矩矩的皆大欢喜。

进大学后，这个体系却率先被打破。

大千世界，至此映入眼帘。

讲一讲维C的故事。

一次公选课上，老师正照PPT念得津津有味，而台下的我们也沉浸于手机中声色犬马的世界里，时间轻轻一溜，饭点临近，饿意悄然袭来。正值众人精神萎靡之时，突然一个女生站起来大声说，对不起，老师，我不同意您刚刚的观点。

——这个女生就是我要说的维C。

当时我们唏嘘一片，丫的，拍偶像剧呢？

维C梳着精神充沛的马尾，满脸青春痘，穿一件显老的灰色针织衫，一片拖堂的抱怨声中，无比认真地和老师争论起来。我听了几句，发现女生是看过几本学术专著的，有底子。我戳戳身旁埋头看综艺的室友："天寿啦，我班天降学霸啦，我等学渣，死路一条！"

"哦。"室友不抬头："你想好了吗，待会儿点哪家的外卖？"

那阵才刚刚大一开学，维C是以这样的方式闯入我们视野的。可能她永远都不会想到，从那天开始，自己的大学生活已注定被划入"不寻常"的范畴，要被几百人在耳里听，在嘴里嚼，嚼到变味，被旁观者叹一句"令人作呕"，再扔进不闻不问的深渊。

我室友在路上讨论起维C来，一致论调是，这女生也太装了吧？！显摆自己看过几本书来的吧？我在一旁不发言，被问到意见时却也点头配合。

其实那时我就察觉了，庸俗的人叽叽喳喳抱成一团，日子往往好过一点。毕竟人生本就不是多高雅一件事儿，说白了柴米油盐饱腹慰体，与此紧密相连的，才是真理。我多少懂点入世的规则，这种时候要是跳出来说"可是人家女生也没做错什么啊"，实在太傻。

维C顺利成为当晚卧谈会的主角儿。讲起她的"光荣事迹"，像是经常蹭讲座啦，写千字学习计划啦，开学第一天就从图书馆借传播学专著啦……种种都是快、狠、全的姿态，令我们好不讶异。

我高考发挥失常，落入这所F城的三线大学。没有恰当的学习气氛，急速膨胀的荷尔蒙倒是洋洋洒洒；这里恋爱也随意似玩笑，更别提宿舍楼下几辆豪车所代表的廉价关系。进校后女生无论过去哪番模样，先学几套精致的妆容，再备几件大胆袒露的衣服，一行路定是翩翩，昭告天下青春正好，亟待采摘。

——似乎可以作为维C显得格格不入的原因。

[ 2 ]

维C没有任何朋友，是的，一个也没有。班里有几个同学曾经跟她搭过话，纷纷跑来向我们调侃："她说话一板一眼跟新闻联播似的，还对着镜子练八颗牙的微笑，笑得我浑身不自在！"或者是："才开学几天啊，就天天往自习室跑，太装！"

维C总是独来独往，哪怕是在人群最为拥挤的食堂。我们寝室四个人占了一个小方桌时，我常常不经意地瞥见她。我在心里感慨，要让我一个人吃饭，我可受不了。

最让维C不受待见的是她对待学习的态度。她总是在我们哈欠连天的课堂把笔记记上满满一本，也总是第一个举手作答，积极好似渴望即刻的褒奖；她常年穿梭于自习室、图书馆之间，似乎永远处于紧张备考状态。

这样的维C，期末成绩的排名却只有中下。

——于是便出现一批"知情人士"，讲她母亲是老来得子，她脑子一直不怎么好；讲她患有间歇性头疼的病；讲她母亲已是满头银发，而她家在本地，周末却几乎不归。

这几句在年级几百个女生的耳根子里翻着来覆着去地滚上几滚后，新的"知情人士"又来讲，这次范围延伸至她的生活习惯——讲她洗面奶竟然用的是最傻冒的超市也有售的50元以内某八十线品牌，讲她不爱说话是因为轻微交流障碍，据说她上大学前还在接受训练，更甚的是讲她家里困难，家人强制施压要她拿奖学金，就为那几千块。

真假掺半的流言，活生生猛兽一只。传到后来，真与假已经丧失辩驳的意义，只沦为谈资，做无聊的事、度无聊的时日拿来润润口，开点笑颜。洗衣间里她的故事已然成为固定的口头剧场，人人都用冷漠买一张观看票，也有人拿恶意换一次参演。

一次班长组织KTV的班级聚会，却不想叫上她，便只用私下口耳相传的方式告知。谁料中间不知有谁的对话被她听到，她有些兴奋地插嘴："是这周五的班级聚会吗？"听者极不愿意回应，却只能点头。班长知道后就找到我：陈，你去跟她说说吧，就挑个时间跟她说我们的活动取消了，要是她去了得多扫兴啊。

我心里是觉得不忍的，但我自己也没想到的是，我向她说起谎来分外从容。我说，周五的班级聚会你知道吧？临时取消了，因为好多人都说要赶着做作业，去不成了。

她用力点头："好好好，我知道了！"

周五那天班里包了两个大包间，一间十来人的样子。男生抽烟的多，女生基本集中在一个包间。唱了五个小时，到晚上九点时第一批人起身要回寝室，我便也跟着她们出去。

在路上碰到了维C。

我们六个人并排走，说说笑笑，热闹非凡。维C一个人提着超市购物袋，也准备回寝室。我们掩住内心微妙，客套跟她打招呼，她满脸笑容地回应。本来我们可以同路的，但维C跟上来走的一小段路里，大家都突然没话说了，维C再愚钝也明白这尴尬的意味了，便很识趣地在几步后某个小岔路口说她还要等人，叫我们先走。

我们六个人通通清楚，她根本就没有要等的人。

但她这样退出了，我们便痛快点。

维C后来跟我说，她确实没有要等的人，她只是在我们走后蹲在花坛边上，心里空落落地等我们走远。看着我们紧密陪伴的背影由大变小，由小变无，这才起身。听闻身后又有一群人的脚步声，是班里另外一批人，她当时就懂了，哪里是取消了班级聚会啊，是班级聚会把她取消了。

我不敢想象那是何等的凄凉。

其实这世上更多的暴力往往是无言的，甚至往往是亲和且团结的——生活信念共通的人们，一起温柔及隐忍地将"不同"的你从他们的生活里划掉，就那么轻轻一笔地划掉，面照样见，招呼照打，但你将永远不被囊括进那个紧密集体，你承受怎样的孤苦，无人问津。

维C承受的暴力比这些要多，她还承受背后的流言。

常言在理：欲加之罪，何患无辞。

[3]

维C师生恋的传言，犹如深水炸弹一枚。

起初是有人看见维C和哲学系Y老师在傍晚的操场一起散步，后来又有人看见维C坐上Y老师的车开往城区的方向。那段时间真真传得是沸沸扬扬，就差有人指着维C的鼻子讲"天呐你告诉我怎么回事"了。

哲学系Y老师在学校相当出名。当年他看不惯学校里一股照着PPT"念"课的风气，在自己的博客上发表了一张几千字的批判文章，讲学校重功利轻教学的弊病，一文成名。当时Y入校三年不到，但因其激情澎湃的授课在学生圈中颇受欢迎，已拥有一批忠实粉丝。Y老师那篇文章在社交网络上大肆传播，最后是院长出面找他谈话要求他删除的。据说院长还让他写一篇"矫正"不良影响的文章，却被后者拒绝。

自然，Y老师这几年的职称完蛋了。

Y老师并不在意。曾让学生写一封遗书作为期末作业的他以"不务正业"

在一众庸碌的大学老师中脱颖而出，从教学到考评都充满浪漫色彩。虽说五官并不怎么样，但衬衫一穿，领带漫不经心地一打，论气质真能迷倒些小女生。

因为跟Y老师的绯闻，维C在看戏人群里的独处生活并不那么容易了。以前是见了面还有人意思着打打招呼，现在是她一出现，人群里多数人的脸就僵下来了，甚至有人低声骂句"婊子"，不忌讳说话口型被她察觉。她在教室里坐在中间某一排，原本在两边占好位置的人也会挪到后面去；讲台上一看，每排都或疏或密地散落着人群，而不管其余的位置多拥挤，维C那一排，永远只有她一个。

维C心里什么都清楚，外表倒依旧静如止水。她只爆发过一次，在发现自己背后被贴上一张写有"我，一个大写的不要脸"字样的A4纸后。当时刚刚下了下午的专业课，老师前脚一走，她"腾"地站起来，扯下背上的纸，转身大声喝道："谁干的？！站出来！"

嘻嘻哈哈准备回寝的我们立刻安静了，都呆看着她，不知说什么好。后来我听说是当初说她"成天去自习室太装"的那个女生——维C进教室一向早，女生在维C趴桌休息着等上课时贴的纸，不过当天她中途翘课了，维C的怒气无人来领。

"没有人说话是吧？！好。"维C当着我们的面把纸撕得粉碎："说真的，你们不喜欢我没关系，我并不需要你们这样的人。"

所有人的心里都受一记重击，只是依然沉默。维C说完后，收拾书包大步离开了，记忆里她每一步都走得很用力。一个尴尬和惊恐的余味长久不消的场景，成为故事的转折。

再没有人客套跟维C打招呼，但也没有人背后再议论她了。洗衣间里属于她的口头剧场被她那天在教室里强硬到出乎意料的反抗掐断，好似明亮的剧院突然跳了闸，又似招摇作势的舞台表演霎时被喊了"卡"，留下硬生生的沉默。

不久后，维C就搬离了宿舍，在学校附近租了一间简陋的房。

维C后来告诉我，根本没有所谓的师生恋。Y老师其实特别愿意和学生做朋友，奈何几年来下了课主动找他的全是来问考试重点一类的东西，而维C愿意跟他谈哲学、谈人生，他便跟她走得近一些。有一次维C的妈妈在家里犯了急性胃炎，而我们的学校在偏僻的郊区，打车根本不现实，维C实在是急着赶回家，这才打电话拜托Y老师送。Y老师在车上问维C，我记得你们院很多学生都是自己开车来学校的啊？意思是她为什么不找同学帮忙。维C说，是，但我没法找他们。

话里的无助，Y老师懂了。

当年他写文章批判学校的时候也有同样的感觉，整整几个月里，同事不愿意跟他多说几句话。

人类作为群居物种，总是对某方面过于出挑的个体持有天然的敌意。或者说某件多数人都不会做的事你去做了，那你很可能成为众矢之的；不管有无不良历史，你在那些抱团取暖的人面前一出现了，就成为他们眼里的错误。

[ 4 ]

写这个故事时，因为触及到维C青春里那种真实可感的"恶"，我几度压抑到无法落笔。

还好维C有个不错的结局。

四年努力不是白付，维C考上了H城的D大，一个我们年级几乎所有人都望尘莫及的大学。D大里不乏像维C这样苦读求知的人，图书馆里任何一天都是满座，终究再没有人评价维C为"怪异"。除了维C，我们班里好几个考D

大的女生都是失败而归；这一次，终究没有人再想起很久以前关于维C的传言——"她脑子不太好使啊"。

可笑亦可叹。

毕业典礼上，维C是作为我们学校的毕业生代表发言的。图书馆前的舞台上，维C握着话筒，目光坚定地说："生活不会一开始就给你最好的位置，也不会主动拉上你一把。你要么选择承受苦痛往前走，要么选择烂在这片泥沼里。"

台下的我听到这里，眼泪夺眶而出。

我不敢想象维C这四年来是怎样淌过这片群体暴力的浑水、捱过孤苦无依的漫长时日的。其实我们所有人都清楚，在这种环境里做一个和别人"不一样"的人，代价有多大。我退缩了，更多人也温吞吞地退缩了，唯独维C熬了过来。

这个故事是维C拜托我写下来的，那是在她去英国留学的前一天晚上。她说要留作纪念，待以后慢慢回看感慨。

维C说，陈，来人间一趟，如果仅仅因为喜欢的事跟别人不一样就不要去坚持了，那还有什么意义？

你看呐，我们都想要和别人不一样，想要出类拔萃，或者想要目前还触及不到的生活，但正如维C所说的，生活不会一开始就给你最好的位置，也不会主动拉上你一把，你要么选择承受苦痛往前走，要么选择烂在这片泥沼里。

任凭别人议论你的孤僻与不羁，自己毫不在意。

你有这样的勇气吗？

# { 走别人不走的路 也是成功 }

赵永是江苏省新沂市窑湾镇赫赫有名的黑鱼养殖大户，他本来在村卫生服务站当村医，捧着令人羡慕的"铁饭碗"。然而，2005年去同学家的一次串门，却让他彻底改变了人生走向。

那个同学有一亩多鱼塘，养了5000条黑鱼，当时黑鱼的价格高达11元钱一斤，一个周期4个多月就能收入2万多元钱。赵永一听就来了兴趣，在同学的帮助下，赵永也养起了黑鱼。结果3分大小的池塘，只花了4个多月时间，就赚了1万多块钱，比自己一年的工资还要多。赵永的脑袋开了窍，他干脆停薪留职，脱下了白色的大褂，承包了村里的8亩池塘，专门养起了黑鱼。那一年赵永净赚了七八万元钱，兴奋之余，他一发而不可收，又相继买了4个鱼塘。

看到养黑鱼挣钱，当地人纷纷开始养殖。由于黑鱼是肉食性鱼类，喂养黑鱼的饲料主要来源于附近骆马湖出产的小杂鱼。黑鱼越养越多，湖里的小杂鱼自然就越捕捞越少，为了保持骆马湖的生态平衡，当地湖区管理部门规定，每年3月1日到6月1日为禁渔期，这也就意味着许多养殖户的黑鱼面临着断炊。

没有了食料这鱼还怎么养，就在大家都放弃养殖黑鱼时，赵永却做出了一个出人意料的举动：人弃我取，他又承包了村里的20多亩鱼塘，将黑鱼养殖面积扩大到30多亩。人们都觉得不可思议。

其实小杂鱼断供受影响最大的就是赵永，只是在人们都为饲料鱼匮乏一筹莫展的时候，赵永却开车上路了。多方考察后，他在200多公里外的海滨城市日照，找到了饲喂黑鱼的替代饵料——海鲜饲料鱼，这种产自大海的小杂鱼既新鲜，适口性又好，是黑鱼上好的饲料。

看到了匮乏背后的商机之后，赵永果断出手，拿出所有的积蓄，又千方百计地贷款，筹集了100多万资金，建起了一个500吨级的冷库。他与一家海产品加工厂签订了常年供货协议，用于储存购进的饲料鱼，除了自己用，还卖给其他养殖户，不仅保证了自己养殖黑鱼的需要，靠卖饲料鱼又赚了60多万元。

饲料的问题有了保证，窑湾镇的黑鱼养殖重新又红火起来，然而大量的黑鱼集中上市，市场已经饱和，养殖户们不得已，只能降价竞争，许多养殖户不但没赚到钱，甚至还亏了本，只得又打起了放弃的主意。

这一次，赵永又走出家门，去闯新的市场。

当他来到扬州市水产批发市场时，如同发现了新大陆一般，这里是苏北最大的水产批发市场，光黑鱼一天就销售6万多斤。兴奋异常的赵永立刻和几个养殖户各拉了几千斤黑鱼来这里销售，可呆了没两天，赵永就再也高兴不起来了。他们拉来一车鱼，要卖四五天，吃饭、住宿，既费钱又麻烦，有些黑鱼还会因时间长而死掉。而且散贩卖，形不成规模。

为了解决这些问题，赵永立刻着手成立了新沂市黑鱼养殖专业合作社，赵永承诺，不仅黑鱼养殖户可以免费加入，而且社员都可以从他的冷库赊鱼饲料，条件是在卖鱼的时候，同等的价格，要优先卖给他，然后再从卖鱼款中偿还饲料钱。饲料在黑鱼养殖中所占用的资金量是非常大的，这样一来就缓解了不少养殖户的资金压力，养鱼变得包赚不赔，大家纷纷入社，赵永则获得了充足的黑鱼来源。

养鱼的赵永摇身一变成了扬州水产市场最大的黑鱼批发商，仅此一项每年就给他带来了300多万元的收入。

从一个名不见经传的乡村医生，变成当地养殖界的风云人物，赵永的华丽转身只用了不到3年的时间。赵永明白，事关他命运的两次重要提速，都是在别人看不到路的地方开始的。如果说成功有什么秘诀，那就是从别人不走的地方走出路，天地常常就在这样的时候豁然开朗。

# 第二章

## 不同选择
## 不一样的人生

# 拥有选择的权利，
# 才不会辜负我们的人生

[ 1 ]

龙应台有段话，广为流传：

孩子，我要求你读书用功，不是因为我要你跟别人比成绩，而是因为，我希望你将来会拥有选择的权利，选择有意义、有时间的工作，而不是被迫谋生。当你的工作在你心中有意义，你就有成就感。当你的工作给你时间，不剥夺你的生活，你就有尊严。成就感和尊严，会给你快乐！

——拥有选择的权利，才不会辜负我们的人生。

[ 2 ]

有个80后孩子，生在矿区。

这是个贫穷的地方，贫瘠的土地不足以养活当地居民，成年男子为了生计，只能选择下矿井。孩子的父亲，就是个小煤窑的矿工，而孩子的假期，也都是在农田里劳作。

但孩子们会寻找快乐，有一次，他和一群乡下孩子，在河边烤鱼。有人出了个主意，每个人表演一个节目。

轮到一个内向的伙伴，他满脸羞涩，拿出一张纸，是他自己写的诗。

他磕磕巴巴的念，伙伴们大声的嘲笑，最终他低头无语，把那张纸，收藏在怀里。

没过几天，读诗的孩子下了矿井。

塌方。

他再也没回来。

没有在这世上留下丝毫印记，仿佛他未曾存在过。

孩子说：每隔一段时间，就会有个我的同学、我的邻居、我同学的父亲，还有我崇拜的人，消失在黑不见底的煤窑中。

只为了千把块钱。

[ 3 ]

孩子说，他母亲发誓，要让他离开这个地方。

让他的生命，获得另一种可能。

可是孩子说——我读书实在不行，实在是不行。

打小学，成绩就是垫底。

[ 4 ]

小学垫底。

吭哧瘪肚读了镇上的中学。

继续垫底。

孩子说：等待我的，好像只有煤矿。

但是母亲拒绝接受这个宿命。

母亲到处找人托关系，可这样的贫寒人家，哪有什么社会关系可言？

可以想象在这个过程中，母亲受到了多少辛苦煎熬——但最终，她找到了给自家孩子做手术的医生，求医生帮忙，把孩子送进了当地医学院护理学院。

这是个专门培养护士的地方，只开了个临床医学专业。

到了这里，孩子沮丧地发现，他的成绩，继续垫底。

他是垫底大王。

[5]

孩子的学习成绩总是垫底，并不是因为他不喜欢读书。

喜欢读——特喜欢读与学习无关的闲书。

小学的时候，就在邻居家的仓库里，或是准备烧火的废纸堆中，捡出《三国演义》《水浒传》《西游记》这些书，统统读完了。

读护理学时，家里只能给点生活费——还吃不饱。

孩子把自己的生存，压缩到最低限度，没有任何业余娱乐。

能去的地方只有两个：一个是图书馆，一个是视频教室。

视频教室每周会放一些电影录相，看一场1块钱。

这个好，孩子喜欢上了看电影。

电影给他打开一扇窗子，让他看到了外面的世界。

孩子说——每次看到电影的时候完全投入，不肯被其他的事情所干扰，认为只有电影最重要。

也开始关心许多东西，军事，政治，科学，经济，商业……都关心。

就是对专业课，打不起精神，关心不起来。

学校里，所有知道这孩子的老师，都相顾摇头。

孩子，你完了！

你的父母尚在苟且，尚在矿井之下恐惧着灭顶之灾的到来，你却在琢磨诗和远方？

你也配？

[6]

不配诗和远方，也要琢磨。

孩子的心，始终不肯放弃。

2000年，孩子从护理学院毕业了。

没钱，没关系，市一级的医院，是进不去的。

何况他的成绩，又太差劲。

只能选择乡镇医院。

但乡镇医院，也不是你想进就进的。

关系和钱，一样也不能少。

这些孩子都没有。

绝望之际，孩子的一个表舅，实在看不下去了。穷人家孩子怎么了？穷人家孩子，就不给人家条活路了吗？

表舅出面，托人情找关系，终于把孩子安置进了一个乡镇医院。

吊儿郎当的孩子，来上班了。看到医院简陋的门面，他脱口对表舅说道：

闹！

我不要去这里。

这破孩子真是不知道好歹，你咋不上天呢？

[ 7 ]

孩子说，听到我的拒绝，表舅没有丝毫愤怒。

只有忧伤。

他当时对孩子说的话，孩子一生一世，也不会忘。

表舅说：我的能力只有这些。

又说：你要记住你的选择。

[ 8 ]

其实孩子没任何选择。

他只是害怕。

害怕这一生，终日庸庸，无所事事，湮没于无数平庸的面目之中。

读书让他知道，外边有个更辽阔、更美丽的世界。

世界那么大，只想去看看。

虽然成绩很差，但他仍然渴望这些。

只为青春的梦想，只为了诗和远方。只为了生命的激昂，只为逃避那不堪忍受的平庸与迷茫。从此放弃看家狗的温暖窝巢，疾奔于荒野成为只自由的野狼。

孩子就这样留在了城市。

[ 9 ]

说是城市，不过是个才30万人口的边陲小城。

但对孩子来说，这就够了。

至少，他已经逃离了小煤窑的的命运。

只是，生存问题该怎么办呢？

只能是继续学习——此前读过那么多没用的闲书，就是为这一刻做准备。

为了获得继续学习的能力。

他每天都要去书店，白看一本书，这个过程中当然要遭受到店员的白眼。白眼也得读书呀，不读书，就没办法活下去。

就这样自学了平面设计。

从此在当地设计海报，很快就小有名气。

终于立足了，可以喘口气了。

这一喘息，又坏菜了。

他说：设计不是我所爱，我所爱的在远方。

到底在寻找什么呢？

嗯，做个导演如何？

[ 10 ]

他把自己的想法，说给边陲小城的朋友们听。

朋友们相对错愕：你疯了。

你要做导演？也不看看你是谁！

你是个小煤窑矿工的儿子，全凭了运气才在城市立住脚。你想做导演？你有资源吗？你知道电影是怎么拍的吗？你知道演艺行业进入是有门槛的吗？你什么也不知道，什么都不懂，什么人也不认识，就说想要做导演，你的脑子还正常吗？

朋友们排着长队来劝他。关系最要好的朋友，用冷冷的眼神斜睨着他，质问道：你是不是脑子有病？

可能真的有，但他还是想做导演。

还是想。

他想起那个葬身于井下的诗人，正是别无选择，埋葬了他的梦想。

只身赴京。

一生为追梦，千里不留行。挥手自兹去，萧萧班马鸣。

[ 11 ]

他到了北京。

果如边陲小城朋友们所说，他对导演行业，一无所知。

无知怕什么，可以慢慢学嘛。

先学编剧。先后写了十几个剧本。

导演要有镜头感，自习摄影。

导演要懂剪辑，学。

导演要懂特效，学。

……学学学！只要有梦想，就永远不会缺少学习的动力。

他说——今天我已经独自导演了两部电影，好多部广告短片，见过认识了那些只能在电视里才能见到的人，回首当年那个小村里的孩子，我已经走出了很远。

[ 12 ]

这个孩子……不，这位先生，他叫关洪海。

80后，很年轻的导演。

连百度词条都没有他的介绍。

连张单人照片都木有，左边的那个是他：

他是在知乎上，回答提问："读书到底有什么用"时，讲述了自己的经历。

他说：没有什么不可能，阻挡你的只有你的眼界和固有的见解。

他还说：你要一个梦想，知道实现这个梦想需要什么技能，书籍是你学习这些技能的最快方法。然后努力的去实现你的梦想，去行动。

[ 13 ]

关洪海的故事，听起来很励志。

其实只是人生的必然。

——北京城，人口有几千万，不乏各个领域的精英。他们中没有几个，是爹妈抱到北京城来的。大多数优秀者，莫不是走过了关洪海一样的路，从一个极低的基线起步，怀有莫可竭止的梦想，一步步走到今天。

他们的梦想，是高度理性的，可以量化的，具有实操价值的。比如说你想成为一个何种品质的人，想要拥有哪些才能，有人想要成为导演，有人想要做个画家，有人渴望拥有智慧，有人想成为一个企业家。所以这些事情，奉理性的想法而行进，都是可以抵达的人生目标。

所有付出的努力，只为了人生选择的权利。

[ 14 ]

人生最大的苦，就是没有选择。

正如关洪海说的那个乡村诗人，没有选择，构成了生命的痛中之痛。

[ 15 ]

——努力获得选择的权利，首先不能对现实屈服，不能对现实低头。

关洪海从乡村走来，每一段旅程，都会遇到劝止他的人。这些人共同的特点是在现实面前低下了高贵的头，并劝别人也这样做。但如果你屈服了，生命中就会出现一堵高墙，把你和世界彻底隔开。数之不尽的美好可能，从此彻底与你无缘，你的见识被堵塞，心智闭锁，甚至会丧失应对日常柴米油盐的基本能力，这不堪的经济状况构成新的藩篱，彻底将你困锁。

——努力获得选择的权利，必须要赋予自我以尊严，为家人，为朋友，为你所爱的所有人，创造一个高品质的平台。

人生而高贵，有些人却活得卑微。卑微不是错误，但放弃尊严，认可卑微，却是对生命的最大亵渎。实际上，所有人都如关洪海一样，从一个卑微的状态起步，努力学习，不息奋进，高歌猛进的人生行程，就构成了自我尊严的全部。至少要让自己成为一个解决问题的人，一个能够庇护家人的人，而非一个丧失自尊，给家人带来麻烦的人。

——努力获得选择的权利，才能够应对命运的无常。

有些人抱残守缺，不敢越雷池一步，只是因为心里怀有莫名的恐惧，害怕失败。

事实上，命运是无常的。但我们的努力，正是为了应对这种无常。要让自己拥有一种居处于任何环境中仍然能够挺直腰杆的能力，这就需要我们获得智慧，学习掌握更多的能力。怕就怕因为恐惧把自己的心闭锁，一旦环境变化，就会陷入恐慌迷乱。

——努力获得选择的权利，只是生命扩张的必然。

生命的价值与意义，就在于不断的自我完善。众生皆苦，苦就苦在莫可竭止的欲望，与闭锁的心灵构成冲突。如扎克伯格所说：不敢冒险才是最大的风险。实际上，理性的扩张并无风险可言，只是不断的从外界撷取精神资源，优化自我。让自己的选择与生命的节律息息相印，才能够感受到尊严与喜悦。

诗人杨炼，在他的长诗《诺日朗》中说：

期待不一定开始，

绝望也未必结束。

或许呼唤只有一声，

最嘹亮的，恰恰是寂静。

这首诗是说：坐而论道，何如起来行。终日所思，莫如点滴行动。理性的选择、与为获取尊严的努力所积累，会彻底改变我们的心灵世界，让我们的生命爆发出灿烂的光芒。唤醒心灵只需要一声，此后红尘滚滚行程漫漫，不过是生命意义的自然实现。

## { 之所以迷惑是因为我们想得太多，做得太少 }

[ 1 ]

作为一个写作培训讲师，我被问到最多的问题就是：

老师，我不知道自己适合写什么类型怎么办？

我不知道哪种文风适合我怎么办？

我想专职写，又怕赚不到钱怎么办？

我每次的答案都很简单，那就是你不停地写写写，写着写着，你所有的迷惑都会烟消云散。

其实我当初写作时，同样也有类似的迷惑。

我不知道自己适合写什么，不知道要选择哪种文风，不知道自己能不能赚到钱，不知道自己在这条路上能走多远。

这些迷惑让我很不开心，也浪费了很多的时间。但我始终想不明白，所以始终有迷茫。

后来因为丢了工作，想给自己一个机会，于是我做了全职撰稿人。那时候已经没有退路，因为我知道，这一辈子我可能就只有这一个做全职的机会，如果做不好，肯定乖乖滚出去找工作。

那段时间我特别努力，每天早早起床，写文章，投稿，看别人的文章，看新闻，看书，找素材。就连出去逛街，一边看着琳琅满目的东西，一边在脑子里构思文章。

除了吃饭睡觉，所有的时间都留给了写作。其实即使在睡梦中，还是会想写作的事儿，常常半夜爬起来把灵感记下来。

这样努力了几个月后，文章开始铺天盖地的发表，看着一沓沓的稿费单，能不能靠写作赚钱的这个迷惑终于变得清晰明朗。

那时候我是什么类型都写，只要我觉得自己能写的，基本上全都写了一遍。然后在这个过程中，我慢慢摸索出一些经验，知道哪些文体是受欢迎的，哪些文体是冷门的，哪些文体是没有办法出书的，哪些文体是只能流行一时的。

根据这些经验，我开始做一些调整，写受欢迎的，以及可以长时间流传的。那种过几天就会被淘汰的文章，那种求奇求怪的文章，我慢慢就不再写。于是，写什么类型这个问题也得到了解决。

我当然也试过很多的文风，唯美的，幽默的，逗比的，朴实的。我自己并不知道哪一种是适合自己的，只是怎么顺手怎么写。

后来有读者说，你的文章很幽默很朴实很接地气，我好喜欢。于是我知道，朴实和幽默是适合我的。或者说，是我能够轻松驾驭的。于是，写什么文风这种问题也迎刃而解。

经历过这些，我很能理解大家对各种问题的迷惑。但是我要告诉你的就是，当你迷惑的时候，你不用到处找答案，最正确的方式，就是好好地写，努力地写。

当你做得足够好，所有的迷惑都会拨开云雾见日出。

[ 2 ]

有位姑娘给我留言，她说刚刚找到工作，是一个很无趣的岗位。在这个岗位上，她看不到任何前途。

我问她，如果不做这份工作，你能做什么？

她想了想，说：我也不知道自己能做什么，而且，我也不知道自己喜欢什么，适合去做什么。我是不是很糊涂，是不是没救了？

当然不是，这是很多年轻人的困惑。很多人都是这样，不知道自己能做什么，也不知道自己喜欢什么。唯一可以确定的是，他们不喜欢目前的工作。

我对姑娘说，既然你什么都不知道，那现在只有一条路，就是做好你眼前的工作，尽你最大的努力，把它做到极致。

这话姑娘听进去了，她开始调整心态，积极主动地去工作。即使是一件无足轻重的小事，她也全心全意去做，尽量做到不出一点差错，尽量去提高效率，去让整件事情更完美。

以前工作时总想偷懒，有些麻烦的事情不愿意做，现在不管有多么麻烦，哪怕是顶着烈日出去做问卷，她都毫不迟疑。她不但去做了，还会在这个过程中不停地总结、反思。

她的努力大家当然看得到，她在办公室的存在感越来越强，与此同时，她自己也学到了很多东西，得到了很多经验。

后来领导把比较重要的事情交给她去做，她同样全心全意做到最好，再后来，当然交给她做的重要事情越来越多，而那些不太重要的事情，都慢慢转移到了新员工的头上。

现在她已经做了小组长，有了自己的小团队。那些曾经让她迷惑的问题也都有了答案。

她说，她现在知道自己适合做什么了，也知道自己喜欢做什么了。

只要你用心去工作，在工作中不断磨炼自己，提升自己，慢慢你就会发现，所有的迷惑都被抛到了脑后，很多事情都变得越来越清晰明了。

## [ 3 ]

昨天看稻盛和夫的《干法》，他在书里讲了自己年轻时的经历。

大学毕业后，他进入一家很糟糕的公司。所有人都表示同情，即使到小卖部里买东西，老板娘也会一脸同情地说，你怎么进了那样的破公司？

他对这家公司很失望，整天抱怨个不停。

跟他一起进来的小伙伴们一个个辞职离开，他也想辞职，但那时辞职比较麻烦，需要家里寄户口簿过来。哥哥不同意寄，怪他瞎折腾。

也就是说，他根本就没有别的路可以走，只能在这家公司继续呆下去。

他为此抱怨了很久，也沮丧了很久，他不知道自己的未来在哪里，他不知道如何面对别人的嘲笑，他对所有的一切都感到迷茫。

但后来他意识到，一直这样下去，根本于事无补啊，不如好好工作，说不定还有转机。

于是他真的好好工作了，每天都干劲十足，甚至抱着自己的产品睡觉。当然，有时间还会看专业书籍，不断地给自己充电。

这样的努力，终于有了成效，他研发的产品得到了市场的认同，他在公司也变得越来越重要，甚至到后来，以他一人之力，挽救了濒临破产的公司，为公司赢得了源源不断的订单。

后面的事情不再有悬念，他创立了自己的公司，他变得越来越优秀，一步步走上人生巅峰。

曾经的那些迷惑还在吗？

当然不在了，不然也不会写书告诉大家，好好工作，好运就会降临。

[ 4 ]

　　我们都会有迷惑，这很正常。但是，当你迷惑的时候，请你不要仰头望天，而要低头看着手里的工作，专心把它做好。

　　当你积极主动地去工作，把全部的心思花在工作上，不断地去提升自己，不断地去总结经验，慢慢地你就会发现，好运悄然降临。那些迷惑，全都在这个过程中有了答案。

　　我们之所以迷惑，就是因为我们想得太多，做得太少。

　　很多问题，做着做着就没了。

## {别因为懒，而失掉本来可以精彩的人生}

昨天是某主持人的生日。看到这个新闻时，朋友与我正在吃饭。朋友刷着微博说，你知道吗？之前我对他并没有什么感觉，但是自从我跟他合作之后，对他真的是由衷敬仰。我自以为的勤奋，如果拿他做参照物，那就是懒人一个。

朋友跟我说起他合作过这位主持人的一些感触。朋友说：

当时我们做一个项目，需要跟他几天，我只是跟着他，不做任何事，就只在旁边观察他，可是真的好累，我比他年纪小了一轮，都已经累瘫了。而他一直处于工作状态，并且时刻保持着饱满的情绪，每天跟下来，我只想回酒店睡觉，而他还要继续工作或者找朋友吃宵夜。

跟了他三天，我对他只有叹服了。

这三天里的某天，我跟着他飞了两个城市，早上六点，我们到达上海，飞机降落，当我睡眼惺忪地看到他时，他可以用精神焕发来形容了。

那天要录制一档网络节目，三个小时，这位主持人在台上与嘉宾互动，调动现场的气氛，调节现场出现的小问题。我只是在旁边站了三个小时，就已经累得精神恍惚了。而他一直站在台上，并且要几乎掌控整个节目流程。那一天，我简直怀疑他的脑袋里是不是装了一台计算机，才可以这样流畅又没有疲态地做下来。

结束一场录制，中间间隙，我们在一起吃饭，就在这个时候，几家媒体要采访他，他礼貌有加，回答滴水不露。我在想，他真的是机器人吗？他都不饿吗？他的脑袋不需要放空休息吗？

他的时间里的每一个缝隙都填满了工作。从一个频率切换到另一个频率，像一个永远不会松开的发条，你知道的，Real，我曾自诩为是一个高效率的人，可是那一刻，我觉得，如果说他是在路上奔驰的汽车，我简直就是冒着黑烟跑不动的老卡车。逊暴了。

我问他，你不觉得累吗？他说，有时也会呀，但是我在做喜欢的事，就还好啦。

项目结束之后，我一直在想，我号称做着自己喜欢的事情，仗着自己有那么一点点才华，就总想着偷一下懒——没必要像其他人那样用勤奋来弥补才华上的不足。我总想着舒服度日，工作强度稍大，便哭天喊地，觉得是受了天大的委屈，人生了无生趣。

可是我发现，真正强大的人，是有着才华又很拼的人，他在我的眼里是有着主持天赋，算是老天爷赏饭吃的那种，我从来没有想过，他会如此的勤奋，我从来没有想过，做到他的位置，他还需要这样的如此拼。Real，有时候你不得不承认，别人比你优秀，比你成功，一定是有道理的。朋友说完几乎忘了吃菜，又好像在反思了。

其实，我也蛮震撼的，朋友口中的这位主持人我一直比较喜欢与欣赏的，他在台上反应敏捷且有着掌控力，他可以体察到现场每一个人的情绪，并会及时地做出调整，有时候我觉得他是一个人精儿，但是我从来没有想过，像他那么大的咖，常常赶深夜的飞机，常常连续工作几十个小时，一直保持着工作状态，却从不叫累。

在我的生活里，也有着一大堆很拼的朋友。

就在刚刚，朋友阿音微信说，昨天她工作了17个小时，早上七点起床，到凌晨两点，除了起身喝水吃饭，她一直在写作。今天又看了一本书，写了五千字，现在脑袋晕晕的。

我说，其实你应该放空一下，你已经在透支你的精力了。没必要这么拼吧！

她说：不可以。这一阶段还有很多事没有做。还没有到休息的时候。

我说：其实以你现在的资历，没有必要把自己搞得这么累。

阿音说：就算有一些资历，也不可以为自己的懒找借口哦。

我一时无言以对。

我时常在阿音面前自惭形秽。阿音是我朋友圈里，在写作方面很有天赋的人。也是我朋友圈里拼命三娘里其中一娘。阿音的文字浑然天成，笔触之地即便是生活再平常不过的小事，也能被她描述得妙趣横生。我时常说，如果我有你的天赋，就不会那么拼。

阿音在这时会反问，为什么不拼，难道不是应该知道自己在某一方面一点才华，要去珍惜吗？不然那不是暴殄天物？而且，才华这种东西，不会一直伴随你，你不知道它哪一天会突然消失。所以更得加紧用呀。

阿音的话，似乎很有道理。

我一直觉得，勤奋与拼，是一个过于狰狞的词。更多的时候，它常常属于资质平平的人。以示一种安慰：我不算聪明，可是我很勤奋很拼呀。

笨鸟先飞嘛。

或许，这是一个错觉。先飞的那个，常常是聪明的人。

我回望了一下自己身边的一些朋友。例证了我的想法。

在我身边相对较懒的人往往是一些资质平平的人。大多数时候，他们（包括我）都在浑浑噩噩度日。每天睡到自然醒，悠哉度日，什么事情并不着急做，有了想法，在还没有实施之前就已经忘记了，或者找上一些理由搁浅了。或者事情进行到一半，遇到困难，便知难而退，他们会说，人生苦短，何必为难自己。不如回归到生活中，上班打卡，下班喝茶，日子过得悠闲。

而实际上呢，日子里空荡荡的，连个凭吊的回忆都没有。

而另外一些人，他们非常知道自己想要什么，正因此，他们有着严格的自律与超乎常人的勤奋。我有一位朋友喜欢瑜珈，他会在下班了之后，去进修，他们的内心有着一种趋动力，促使他们行动。因为目标笃定，所以，风雨无阻。

什么是懒惰？

百度百科上的解释是：懒惰是很奇怪的东西，它使你以为那是安逸，是休息，是福气；但实际上它所给你的是无聊，是倦怠，是消沉。

你的吉他是否买来之后一直放在角落里落灰，而在此之前，你曾经想着自己作词作曲，指尖触碰琴弦便可以流淌出美妙旋律，而实际上，你的指尖还没有生出茧，你就已经放弃了。

你是否决定了要每天跑步、瑜珈、练字，但是你的坚持从没有超过一个月。

或许你会觉得自己没有时间，很忙呢，没有时间。你是否反思过，你的忙只是瞎忙，你的忙只是因为你懒得去规划时间，去寻找更有效率的方法？

而你我，反观过往，是一个这样偷偷懒惰的人吗？

在你的生命里，有你真正想要做的事情吗，有你迫不及待想要实现的事情吗？你还在找理由拖下去吗？

当然，舒适并不代表着懒惰，而每个人都可以选择适合自己的生活方式。

只是，别因为懒，而失掉本来可精彩的人生。

## { 学会讲究努力的方法，能少一些不必要的苦头 }

点点这礼拜第二次和我抱怨新工作加班频繁的时候，已经是晚上十一点多了，她刚从公司出来，哭着喊着叫我陪她吃夜宵。

一盘小龙虾就着一瓶冰啤酒，她激动的面色通红，口沫横飞、手舞足蹈地给我表演新上司开会有多智障。

初春的晚上依旧很冷，我紧了紧身上的棉衣，看她依然没有停下来的意思，只好无奈地开口打断了她生动形象的表演，"你最近怎么老加班？新工作很忙吗？"

仅仅一小时之后我就体会到了什么叫"作死"——我简直用身体力行的深刻解释了什么叫哪壶不开提哪壶：这个问题突然打开了她的苦水闸。

她说她这个礼拜天天都在加班，今天已经是她最早下班的一天了。新上司要求很高，甲方更难缠，方案修改了三遍都不满意，今晚回去得继续熬夜。已经连续两三周周末没好好休息过了，一个月就拿那么一点薪水，真不知道这工作有什么意思。为了这份方案，她光收集整理的资料都能码满一张桌子。

说着说着她还抹了一把眼泪，酸溜溜地说明明这组是自己最努力，每周之星还评给别人，大公司黑幕太多了。

我不是第一次听她抱怨工作太忙太累，她的努力与收获不成正比了，但每次看到她朋友圈里凌晨更新的满是资料的桌面和当白开水喝的咖啡，又不知道怎么安慰她，努力的还不够吗……看起来已经非常足够了啊！

我最终也只好安慰她时运暂时不济而已，一切总能好起来的。

我也很疑惑，为什么每一份工作对点点来说都好像特别的困难，她不是一个专业能力不过关的人，怎么会把自己弄得这么累。

后来有一单任务正好是与她们公司的业务合作，对方派出的代表又碰巧是点点他们团队的一位前辈，我旁敲侧击的聊过天后才明白，原来也是万事皆有因——前辈嘴里的点点与我认识的点点大相径庭。

听说点点进公司没多久，她的勤勉就出了名，多少次同事早早下班，偌大公司只剩她一个人，刚开始几乎所有同事都暗暗咂舌感叹现在的九零后小姑娘们的拼劲儿。

但可惜也只是最初而已。

很快各位前辈们就发现，虽然看起来她一直在忙，但工作效率很低。

她总是策划做一半就跑去微博找灵感，或者就是去微信咨询某位大神朋友，通常都是有去无回。再就是去串门打听琐碎，聊些闲话，取个快递，喝喝咖啡。时间打发起来是非常快的，别人在忙工作的时候，她忙于"社交"，那么别人休息和社交的时候，她补在工作上好像也是合适的事。

前辈说完，思考了一下又补了一句："可能是因为年轻，还不懂努力是有方法的吧。"

听前辈说完，我突然想起点点上一份工作好像就是因为上班时间刷朋友圈丢掉的，当然，按点点的话说，她明明是在和客户联系，却被上司冤枉，只是因为自己的努力惹人眼红罢了。

听到别人对点点的评价与点点对自己的评价，我发现了一个认知误区（好像很多人都如此）：

我们总是会想当然的把努力和吃苦划上等号。

好像大多数人提起努力都会想起埋头苦干，挥汗如雨这种画面感十分强烈的词汇。听说有人累死累活熬夜读书却挂科，有人不吃不喝拼命加班却无缘优秀，我们通常都会感叹这些人吃了这么多苦，最后还没能成功，亏了。

可是你是否有想过，他们吃的那些苦，难道都是因为不可抗力不得不吃吗？

我起初也喜欢这样，总是标榜自己努力多少却没收到过价值相当的回报。直到我发现很多我认为是有天赋的朋友们，都比我会努力多了的时候，我才明白了努力不等于吃苦的道理。

我发现我之所以熬夜赶稿，是因为白天我虽然开着文档却也开着微博微信；之所以通宵码字，是因为我之前几个礼拜一直瞎忙活却没有算好截稿日期；甚至有时候连我拿来标榜自己工作认真的"废寝忘食"也不过是因为工作时间安排不合理导致的吃不及饭。

把努力等同于吃苦，不免会让自己的注意力更多的放在自己"吃了多少苦"上，而不是"是否有科学的努力"上。

过于看重吃苦的结果而忽视努力的过程，会让我们沉浸在自己营造的自我感动的幻想中不能自拔，变成一个只知吃苦，不论方法的"拼命三郎"。

不确定自己努力的方向，不改变努力的方法，你吃的苦不过是莫名其妙的徒劳无功罢了。

而其实你只要学会开始讲究努力的方法并掌握之，就会发现有时候努力做事并不会让自己吃多少苦，而当觉着自己吃尽苦头依然不见效果的时候，更大一部分可能是你正在用错误的方法错误的方向进行错误的努力。

千万不要轻易把失败和坎坷挫折当作天将降大任于斯人的考验，因为说不定你正在做的努力，不过是在吃莫名其妙的苦而已。

## { 受得起多大的压力，就配拥有多少的财富 }

在我们家族，各行各业从业者都有。从政的，从商的，人民教师的，农民的，企业职员的。从收入水平看，就目前而言，自然是从商的赚的钱稍微比其他人都多一些。但是，亲眼目睹过去几年几位兄弟从商的工作状态，我真的没有羡慕过他们收入比我高，因为，他们的那种工作强度，那种紧张忙碌，那种工作压力，是我根本承受不起的。

[ 1 ]

我记得有一次我闲来无事，和我堂妹做了一个统计，统计一个从商的堂哥每天要打多少个电话，发多少条短信，结果我们惊讶的发现，一个月下来，他平均每天要打将近100个电话，每天要发近50条短信，光光是电话短信费用一个月都是要论千块的。有时候我们和他开玩笑，说如果按照他打电话的时间比例算，和家人打电话的时间都占不到客户电话时间的百分之一。每一次他都无奈的冷笑，然后又不好意思地接着下一个客户电话，一接就是一连串。

不少人可能觉得太不可思议了，一天有那么多电话要打，有那么多短信要发，但是，对于他而言，这是工作的常态。有时候，我们还在吃饭，突然接到一个客户电话，说到哪里了，需要去接见，然后饭刚刚吃到一半，放下碗筷就走了。有时候，为了难得团聚的过节放假，千辛万苦叮咛家里人要回家吃饭，结果回来半路接到新的电话，晚上临时有安排，最终还是与刚刚煮熟的饭菜擦肩而过。我起初以为他工作效率不高才这么忙碌，结果当我有一天认识他的前领导，我发现他那已经是小巫见大巫了。

## [2]

堂哥的前领导可以说是一个工作狂，一个月在家呆的时间不到四五天。今天飞这个区域了解市场，明天飞另外区域开客户会。平时稍微闲下来一点就开始与同行开协同会，每天都跟打鸡血似的。

有一次，我们去桂林玩，那位领导请了我们吃饭，结果我们饿着肚子看着桌上丰盛的饭菜足足等了两个多小时也没见人，最后他告诉我们一个客户突然打电话过来，耽误了。我问他平时这么忙，怎么陪家人，他开玩笑说："有女不嫁销售郎，以后你要记住了。"然后看着我身边从商需要整天跑销售的堂兄，我们不约而同附和："打光棍的前奏啊，你可得想清楚了。"

很多人会问，这么忙碌的工作，值吗？每个人的权衡标准不同，没有值不值。但是，我想说，人家一个月领着我们好几年的工资，如果轻轻松松，一点都不忙碌、不劳累、没压力，那多半恐怕是骗人的吧。

## [3]

我看到一些微商老是宣传说做微商如何轻轻松松赚到钱，过上有钱人的生活，还有一个人曾经为了说服我代理她的产品，把我的工作还有投资实体行业都诋毁得一文不值。在她看来，不做微商都是跟不上潮流的，都是落伍的，她还说做微商一年赚个几十万上百万都是特别轻松的事情，不像我这样一个月也赚不到万把块钱。但是，后来我认识几个做微商的朋友，他们告诉了我很多真相，我才惊讶的发现，大部分的微商，是不赚钱的。有一个做微商的朋友，亏得血本无归，来求我借她点钱，我问她："你之前不是说只要和你做，都能够发家致富吗？"她说："我就是急功近利，希望早点过上有钱的生活。"

这个朋友的遭遇不禁让我感慨，其实，赚钱真的没有那么轻松的事情。在我认识的人里面，能够赚到比普通人多很多的人，都是靠十年如一日血拼出来的，没有谁像广告里说的那么轻松。写作的作家，十年笔耕不辍，才实现财务自由；创业的小鲜肉，当年不知睡过多久地下室，而今才可以睡上席梦思；成功转型的全职妈妈，刚刚离开家庭的时候，曾经伴随多少的迷茫和无奈，终于才适应职场成功逆袭。在他们当中，都有一个共同的特点，那就是承受得住比常人更多的压力，忙起来有时候不分白天和黑夜。

[4]

我有一个做直销做得还不错的朋友，他靠做直销产品，毕业四年自己买了车子房子还成为了一个地区的主管，但是，如果我告诉你他有多累有多拼，你一定吓坏了。他说他之所以能够有那么多下线，每天源源不断的给他增加收入，是因为他自从做直销产品那天起，六七年了，每天早上都是六点钟就要起来，逐个用打问候电话，而且态度是那种特别激情澎湃的，无论刮风下雨，从未间断。他说他回老家的时候，每天早上起来都这样大声的对别人说相信梦想相信坚持的力量等等，他父母都以为他疯了。因为他说连对他父母，他都没有说过那么多好听的话，也没有过这么热情。我问他："你做这个工作，最大的成就是什么，最委屈的时候是什么？"他说："最大的成就是赚到钱了，但是最委屈的时候是我觉得自己都有点不喜欢自己了，觉得自己特别虚伪。"

是啊，自己都不喜欢那样做，但是，为了能够比别人赚到更多的钱，多少人选择了变成连自己都讨厌的自己。这大概就是人家拥有财富的代价和真相吧，承受得起多大的压力，就配拥有多少的财富。如果你每天都轻轻松松就知道抱怨自己拥有的太少，而别人拥有的太多，那一定是你还不够了解别人赚钱的艰辛。

## 你想要成为什么样的人，就去接近那样的人

近视先生出生在城市的郊县，上的小学在他家后面，中学步行不超过五分钟，好不容易高中毕业，又顺从父母的意思，报了离家驱车半小时就到的艺术院校。上了大学，他才第一次感受到不住家的滋味，才看见市中心的全貌，也才知道沃尔玛是超市，特别贵的冰激凌叫哈根达斯。

不是家里穷，而是在世外桃源待久了，与时代有些脱节。独立能力极差的近视先生用了半个学年的时间适应大学生活，然后剩下半年则是跟室友一起全身心扑在网游事业上，选择性逃课，食堂跟寝室两点一线，把生活费全买了游戏里的装备。那时候，四个哥们儿感情极好，他觉得，这就是他要的大学生活。

大二的选修课上，近视先生认识了一个喜欢跑酷的男生，在他的熏陶下，剪短了头发，晚上一起去操场跑步，白天下了课就去各个教学楼为他记录"上蹿下跳"的视频。不到半年，近视先生就把肌肉练出来了，圆脸也有了棱角，因为变化太大还被女生追着讨要塑身秘方，掀起了全校跑步健身的风潮。后来又受学姐鼓动，让眼镜店小妹把人生中第一枚隐形眼镜塞进了眼睛。

自此，近视先生成了系里公认的男神。

近视先生从未发现自己还有这般潜力，被人一口一个"帅哥"叫着，自然也就信心倍增。后来越来越多的人认识他，接近他，哪怕都是没有营养的交集，也让他在鼓励和羡慕中重新认识了自己。大三还没结束，就有朋友给他介

绍了一份北京的工作。他跟父母僵持了一个暑假，终于获得家人的通行证，一个人坐上北上的飞机。

直到现在，近视先生都佩服自己当初说走就走的勇气。那时的他，对北京并无了解，刚来第一天，就被所谓的朋友放了鸽子，工作泡汤。

这里的人走路是50迈的，而自己早就习惯了10迈匀速运动；自认身上潮到不行的装扮到这儿变成了路人范儿；因自己长相而建立起的自信心丢到国贸、三里屯等年轻人众多的地方瞬间就消失殆尽。家人得知北京租房贵，于是每个月给他一千元他们认为的巨款房租，但这也只够他在二环内租间老房子，房子小得走路都要侧着身，因为房子地理位置绝佳，倒也心满意足。

第一份工作是他自己找的，给某国企的网站做设计，工资低到在北京根本活不下去。但家人都说国企好，要耐得住寂寞，于是乎，近视先生就心安理得地花着家里的钱。上班第一周每天早上七点起床洗头洗澡，光鲜亮丽地去公司，他深信在北京就是要交朋友才能铺开自己的关系网，于是同事对他的印象就变得异常重要。可几天过后，他发现办公室里全是四眼、喜足球、好妹子、无梦想的沉闷男。话不投机半句多，受他们影响，索性每天也顶着一头干瘪的自然卷上班，一句话不讲，一坐就是一整天。

后来还是在鼓楼小剧场看演出的时候，结交了第一个朋友圈。圈内人都是小演员、小歌手，三男两女。其中有个土豪，住在月租一万多的高档小区，几个人平时没什么工作，就集体宅在他家昏天黑地地玩桌游。那时候，近视先生认为时间就该被这样挥霍，所以辞了工作陪大家一起"家里蹲"。

回看自己满身狼狈，近视先生终于崩溃。迫于无奈他给了自己一次旅行，在江南小镇上思考要不要继续待在北京。最后还是放不下回家被亲戚数落的面子，又回了北京，只是这次回去，他下决心要跟过去说再见。

转折的起点是大学认识的跑酷哥们儿来北京开了个影视宣传公司，叫他帮忙，于是七拼八凑了五个靠谱的好友，蹑手蹑脚在娱乐圈里大浪淘沙。从未涉足的行业让近视先生吃了不少苦，但生活一忙碌，就顾不上悲观。

公司做的一场发布会上，近视先生跟甲方一个宣传人员相见恨晚，当天就约吃饭、看电影。那女孩身上有股正气，走路带风，对生活处处充满信心，随口就是一句"心灵鸡汤"，近视先生向来习惯别人给予自信，于是两人看对眼，相处格外融洽。

他所在的公司现在已经做出了名声，快节奏的工作氛围让他把一天当两天过，却无半点抱怨。他说："原来当初看不见的不只有远方，还有跑在前面的人。"

——前行的路上，我们不仅受远方的羁绊，还被行人影响，你想要成为什么样的人，就去接近那样的人。宇宙除了爆炸后形成了银河系，它还给了相同磁场的人同样的运气。

愿你成为更好的人。

## { 痛苦不可避免，但是否忍受则可以选择 }

著名心理学家斯金纳曾经做过一个著名的实验，叫"鸽子的迷信"。他做了一个装置，每隔15秒就会自动掉下米粒。斯金纳让饿了好几天的鸽子们一只接一只地进入这个装置，8只鸽子中有6只出现了如下反应：鸽子在无意识中做了一个动作，发现有米粒掉下来，就下意识地重复先前的动作，米粒又掉了下来，鸽子于是再次重复动作，米粒不负所望地再次掉落。

于是鸽子不断地重复，有的不停地仰起脑袋，有的用头去撞装置，有的不停地轻啄地面，有的逆时针转圈，有的不停地摇头。当米粒掉落的间隔时间从15秒慢慢扩大到1分钟时，那只摇头的鸽子一直不停，像在表演怪异的舞蹈。最可怕的是，在实验者取消了米粒掉落的激励后，摇头的鸽子在信念彻底消失前，竟反复试探了一万多次。

这些迷信的鸽子也许是幸福的，因为它们自以为找到了生存的规律，愿意为这个稳妥的规律不断重复，甚至百折不挠。但总有一些鸽子，厌倦重复，跳到一边，拒绝再玩这个掉米粒的游戏。

斯金纳的实验，让我想起了一些朋友们。

A大学毕业后进了一家著名日资企业，得到一份颇为体面的工作。刚入职的几年，公司很器重他，经常派他去日本培训，他也苦练日语，天天在无尘机房里钻研业务，对未来充满期待。几年后，他渐渐发现，自己每天的工作，就是在办公室里，写着日复一日攀比业绩的报告，等待按部就班排资论辈的升迁。他突然觉得很恐怖，于是提出辞职。日本的课长很不理解，专门找他谈话。

课长问：你是被我们的竞争对手挖去的吗？

A答：不是。

课长问：你是找到别的更大的企业，待遇更好吗？

A答：不是。

课长问：那你到底为什么要辞职呢？

A说："再过十年，我至多变成你，但那不是我想要的。"

B是30出头的青年才俊，天赋过人且罕见地勤奋。他被借调到一个权力部门，那里希望他能留下来，并给他处级待遇，副作用是，他将会逐渐远离自己的学术和业务，但在绝大多数人看来，这是天赐良机，万难拒绝。

有一天吃饭，我问及他的选择，他不疾不徐地说："我现在30出头，按照常规的升职路径，从现在到退休，大约有四级台阶要走，副处、正处、副局、正局。就算直接到了正处级，最后也不过是正局。我需要违背自己的理想，把自己的人生走得这么快吗？"

C是一个从来不对自己放松要求的人。他跟工作环境一直有着价值观上的矛盾，经常两相消耗、事倍功半。虽然小环境处处掣肘，但是这份工作所能提供的机会和平台却又得天独厚，无可替代。

他考虑离开，和一些志趣相投的人合作，去开拓一个新领域。

我们都问：可是你不觉得你放弃努力了这么久才得到的平台太可惜吗？

他答："我最在乎的，是我能够以什么样的状态工作。"

D在一家世界五百强的国有大型企业担任一个专业领域的项目经理，成绩斐然。前年，一家美国公司以6倍的年薪挖他跳槽，条件是要他远赴南洋工作。D提出辞呈，临走之前，他对自己心仪已久的女助手告白：其实我一直很喜欢你。

回答令他始料未及。

他毫不犹豫地放弃了高薪跳槽的机会，牛拉也不回头地留下了，因为用他自己的话说，那一瞬间的感情，好像"井喷"。他说，"人生总得有那么一次吧，哪怕没有结果。"

村上春树说过：痛苦不可避免，但是否忍受则可以选择。拒绝玩掉米粒游戏的鸽子们，不愿为得到食物忍受重复的痛苦，结果它们发现，米粒还是会有的，因为实验设计是，无论鸽子做什么，米粒都会掉下来，只不过是另一些米粒。

# { 忍住痛，才能破茧成蝶，不然就只是一个茧 }

[ 1 ]

去年的时候，在我家不远的弄堂里面开了一间咖啡店，也供应简餐。

是子觅发现的。她无意间跑过去，抓着店门口大大的龙猫玩偶不放手，我们才发现原来这里开了一间店。

小小的，只有几张桌子。铺着素色的方格纯棉的桌布。店里面有很多大叶子的绿色植物和可爱的多肉。

有一整面墙，完全是书，梭罗，卡夫卡，尼采，叔本华，宫崎骏，金庸小说，意识流，还有各种游记，很多期美版的《国家地理杂志》。

店里到处都是很有艺术感的照片，都是店主去世界各地旅行时候自己拍的，风景或者人像，每一张有故事，耐人寻味。

店主是个三十岁左右的男人，微微的蓄了一点胡须，常常穿黑色圆领衫配牛仔裤，很有文艺范儿。

去了几次熟了。他会给孩子们煮他自己做的意大利面，配自己熬的番茄汁，再摆上自己种的新鲜罗勒的叶子，吃起来有些《EatPrayLove》的感觉。

[ 2 ]

他是个很有故事的人，听他讲他的生活，犹如一部淡彩的文艺长片。

高中毕业，他就被家人送去澳洲留学。在悉尼呆了四年后，他去了英国读研究生。欧洲才是能够触及他灵魂的地方，历史悠久，连一块石头都是有典故的。

他开始在欧洲旅行，背着行囊漫无目的地走了很多小小的村庄。他在英国住了三年多，研究生毕业后，又花了一年的时间穿越美洲大陆。从南向北，从里约热内卢一直到纽约。

和他聊天是件非常愉快的事情，英文很流利，还会说一点意大利文，在那不勒斯住过四个月，因为他爱上了一个意大利姑娘。

我实在忍不住，我问："留学，旅游，摄影和咖啡店，都是烧钱的事儿。你一定另有它业吧？"

他怔了一下说："旅游的钱是家里给了一部分，还有一部分是我自己打工挣来的。回了国，我在一家知名外企上班，工作了三年，可是这不是我想要的生活。开咖啡店是一个梦想，我不指望它赚钱。只不过有这么个地方，可以和朋友们一起聊聊天。"

"参加工作三年就能开咖啡店？好棒的公司呀。"

他笑了笑。我们心照不宣地开始了别的话题。

成年人最大的问题是，吃了太多的盐，眼睛有了穿透力。放眼望去，在美丽的画皮后面，世界原来是满目疮痍。

[3]

有一段时间，我们没有去，再去的时候，咖啡店已经关门了。门口的龙猫还在，淋了雨又风干了，脏兮兮的。

咖啡店关门，完全不在意料之外。这么安静的地方，店常常是空的，最多的一次，也就三桌顾客而已。

钱不是重要的东西，可是没钱是万万不能的。一间不赚钱的咖啡店，就好像是个带自动回复功能窟窿，填完再变成坑。他能支撑一年，已属奇迹了。

我有次在路上，碰到曾经店里工作的小姑娘，问及店主近况，小姑娘也不知道。不过她说，店主家里原来在静安是有三套房子的。

言下之意，有房子撑着，赚点赔点，不过是蜻蜓点水，无需在意。

现在流行一句话，叫做"斜杠青年"，就是身兼数职，样样都行的意思。后来我知道店主29岁了，算不上青年，但是他绝对可以成为新一辈斜杠青年的典范，生活家，旅行家，摄影家，美食家，样样精通。唯一不精通的，就是如何赚钱。

[4]

这个文艺店主，让我想起一句话：世家公子，混世翩翩。

纨绔子弟在现代中文里面是个贬义词，说出来浮在人眼前的都是吊儿郎当的样子，吃喝嫖赌，找女人，泡小旦，抽大烟。

其实纨绔本来的意思就是穿得起细绢做的裤子的富家子弟，最初没有诋毁的意思。多数的纨绔弟子，在长的足够大，能出门调戏民女之前，先要寅时即起，卯时开读，四书五经，大学中庸，滚瓜烂熟。而且亦被培养的有很高的艺术品味和修养，书法，绘画，庭院，昆曲，鼻烟，扇面……

他们的共同点就是，都不太会赚钱。

清代的八旗弟子，欧洲的世袭贵族，在一百多年间，前前后后都以各种原因，在历史上消失掉，是有他们必然原因的，这不是偶然。因为他们的存在形式，已经不再符合社会发展趋势。

[5]

秋风起，蟹儿肥。上周末，新榜联合阳澄不等组织了一场上海新媒体的蟹宴，给我发了写着我名字的请柬。我准点快乐的跑了去，花了四个小时，吃了一只大闸蟹。

虽然这只大闸蟹是在阳澄湖里，吃着虾米长大的。谁买不起？想吃，出门买一篓子，甩开膀子在家闷头吃。

可是被邀请，参加晚宴。宾客落座，主家介绍：这位是卢璐。不用加上谁的太太，谁的老妈，谁的女儿，还是谁的朋友，我就是我，这个味道比一篮子蟹都好吃。

工业革命改变世界，有了发动机，经济的发展速度比原先快了很多倍，没有土地也可以赚到钱，可以体面的生活，经营自己的人生价值。

时代改变了，我们活在一个人人都以自己我价值为中心，势利的经济时代。经济是我们这个时代的门槛，我们习惯用钱去衡量一切，钱成了一目了然，最直接的衡量价值的尺子。

不过这里的钱，不是名下拥有的钱，不是家族囤积的钱，而是自己赚到的钱。

因为钱本身不过是银行转账的一串数字,我们可以拿别人的钱,父母的,老公的,或者儿女的钱。钱是拿来了,可是价值拿不来。自己的价值得自己给自己挣回来。

[ 6 ]

2016年是建国以来,有最多应届生毕业的年份。工作危机,失业的压力,一直是西方社会最令人无奈的痛点,是西方政客们收买人心的最好卖点。可是在国内,轻轻松松就化险为夷。因为有近一半,48%的应届生的选择是:不就业。

选择不就业的孩子们,绝大多数都是家庭条件优越,衣食无忧,学识渊博,诸多特长,许多爱好,样样专业。我的人生我做主,我要实现自己的价值。我在意自己的生活感受。我不能够用自己鲜活的生命,创造剩余价值,养肥别人。

最浪漫的选择看起来是:背起行囊的间隔年。

最理智的选择看起来是:考研或者出国留学。

最正面的选择看起来是:创业。文青创业三个头牌:咖啡店,花店和民宿。

千句万句凑成芯子,只有一句:我还没有准备好面对这个现实的社会。

事实上,"不就业"绝对不是今年才出现的趋势,而已经断断续续形成了现在年轻人的生活态度。更有很多往届生,工作了一段时间以后,退出职场,选择不就业,美其名曰:"自谋职业。",自主沉浮。

[ 7 ]

我仿佛看到有这么一个孩子,从出生开始,就被一群人围着。

每走一步，都有人前仆后垫，左扶右搀；每次摔倒，都会有人把他抱起来，嘘寒问暖。

被送到各个兴趣班，琴棋书画，样样俱全。

这个孩子从小到大听到得最多的一句话就是：只要你学习好，钱不是问题。他的每一小小的进步，都被大声鼓励，他的每一个错误，都被小声原谅，没关系。

二十几年，他真的长成了大人们想要的样子，博学多才，能文能武，考试前茅，自信满满，我是这个世界上最优秀的人，我仰头的时候，全世界都要朝我看。

二十几年，他突然发现自己根本不是世界中心，连个角都不算；没有人能告诉他怎么做，因为面对将来，没有人知道对错；在他做错了时候，居然要自己承担后果；在绝大多数的时候，所有的真心付出并不会带来结果。

二十几年，突然间整个世界的画风突然变了。从捧在手上掌上明珠，"只要你听话，只要你学习，世界都美丽"，变成了人人喊打的过街老鼠，"花父母的钱，啃老，你不道德。你良心几何？"

人生开了一个巨大的玩笑，在他还没有明白过来的时候，就改变了游戏规则，但是没有人给他解释过。这迷茫，这落差，这分裂，这被蒙了恍惚的，这有苦难言的委屈，集成一大堆，不知道如何去面对。

可怕的是，这样的孩子有很多，全中国算算可能有上亿个。

[8]

永远浸在蜜罐子里的结果，不是甜上加甜，而是一种直泛酸水的苦。人生同理。没有一个人生是为了风花雪月，逍遥享乐；只有苦过，累过，惶恐过，无奈过，绝望过，走投无路的投了河，才会明白，原来河也是一条路，走向通途。

子曰："吾十有五而志于学，三十而立，四十而不惑，五十而知天命，六十而耳顺，七十而从心所欲，不逾矩。"

每个人的人生是分阶段的，在该吃苦的年代没有吃苦，在该摔跤的年代没有摔跤，在该努力的年代没有努力的结果，就是在该享福的年代去吃苦，该安稳的年代去奔波，该明智的年代去彷徨，反向的人生，并不美丽。

每一个人从象牙塔里面走出来的时期，都是人生对自己第一次的检验。从没有执行能力，不需要负责自己的青葱少年，到走进社会，陪着笑，撒着汗，扭曲自己的现实中年。

破茧成蝶，是一种无法言明的巨痛。怕痛不出来的，就成了一只作茧自缚的丑陋的蚕蛹。

父母的恩宠，家族的保障，就算能让你得到衣食无忧的生活，却得不到充实饱满的人生。

千百年来，出世与入世，一直是中国文人争论不休的话题。就算每个人心中都会有个不着调的文艺青年，日子总是如白驹过隙，一松手就滑掉一堆。如果想蹉跎，一下子就没有了明天。

文艺青年还是斜杠青年？只要是上进的好青年。

文艺青年还是斜杠青年？先要有一个稳稳当当的正业，才能顶天立地。

小心，别从斜杠青年变成斜杠中年，把自己的一手好牌，打成烂泥一滩。

## 别让不公平蒙蔽了你的双眼

小A和小B来实习的时候，都是尚未毕业的大三学生。在能够独立负责自己的项目之前，两人都被分到其他人的项目里一边打杂一边学习。

我是多么羡慕挑走了小A的同事，在忙的人仰马翻没有时间起身倒水的时候，小姑娘总会特别有眼色的走过来，装作不动声色地跟她打招呼"姐，我正好要接水，帮你也倒一点吧。"或者是每天下班之后都还勤勉地拿着笔记本过来请教，顺便问一句"有没有什么我可以帮忙的？"

相比之下，分到我手中的小B，如果每天不是我主动叫她"来，我给你讲讲这个……"她大概永远也不会主动走到我桌前来问问题或是聊天。虽然学习起来也十分认真，可怎么看，都没有像小A那种积极的程度。

况且比起小B的温文有礼，小A的八面玲珑也的确更受欢迎一点。带她的同事天天夸奖"真是不容易，这姑娘性格真好，情商也高，眼睛里特别有活儿，一点眼高手低的毛病都没有。"屡屡换来其他人既羡慕又嫉妒的白眼。

而小B永远默默的坐在她的座位上，看着翻看着当天的培训笔记，或是练习着Excel/PPT/各种排版软件的做法，偶尔遇到问题的时候默默看着我，直到看我停下手上的工作，才走过来轻声细语地问一句"姐姐，能不能帮我看一下……"

就这样过去几个月，到了她们也可以参与项目的时候，所有人对小A的评价都要比小B高出好一截。

她们协助的第一个项目某汽车广告的文案，两个人都热情满满的提前完成了任务，开会的时候部门老大点评两人的"作业"，说到小A的时候，表扬了几句"新人能够做到这个程度很不错了"然后一笔带过，反倒是把小B的作品仔仔细细的分析了一遍并提出了修改意见，这就是初步定版的意思了。

散会后，小B立刻回去修改她的方案，开会前志得意满的小A，破天荒地叹了口气。

"第一次做嘛，不要这么在意。"我们安慰她。

她盈盈的眼睛望过来，一副真诚又委屈的样子，"我倒不是在意这个……只是觉得成长经历真的很重要，我是个普通家庭里的小孩，到现在家里也没车，所以对汽车真的是一点也不了解，不像小B，从小坐专车的大小姐，她写起这个就游刃有余的多了。我这是真的输在了起跑线上啊。"

同事点点头"这样啊……没事，我回头跟老大解释一下，他不会因为这个就觉得你不好的。今后还有很多项目可以做，加油就是了。"

小A点点头，露出她一贯乐天派的笑容："我会努力的。"

可是在后来的许多项目中，我越来越频繁的听到小A在旁边带着撒娇似的抱怨。

"昨天堵车太严重了，本来一个小时的路程两个半小时还没到，我过去客户都已经下班了，所以没能及时的拿到客户的反馈意见。我今天一定加班做。"

"我的破手机昨晚没电了，你给我打电话我也没听到，直到早上才发现……我现在就去改。"

"咱们这个客户要求真是多，明明我用的就是正红，他们非要挑三拣四地改来改去，所以进度整个就晚了，我今天哪怕不眠不休也要赶上。"

她每每说着这话的时候，都不忘记跟身边的人做对比。比方说有意无意地提到同事自己开车可以抄小路所以不堵，比方说提到小B生日时她父亲送的

iPhone玫瑰金。然后在加班加点之后又生出新的抱怨"起点低就是没办法,谁让我家境比不上人家运气也比不上人家呢。"

几个月之后,我们所有人的耳朵都生出厚厚的老茧,仿佛只有她没有车,没有落着个土豪的爹,又偏偏落着个倒霉催的变态客户。

老大终于忍无可忍,叫我到一边说"你们俩年龄差的近,有时间劝劝她,别一天把这些话挂在嘴上,好像全世界都对她不公平似的。"

我旁敲侧击地劝她"虽然每个人手中的资源不大平衡,但是你已经很厉害了,考进那么好的学校,一上大学,就跟重新洗牌了一样。"

她撇撇嘴打断我,"可是我那时候多努力啊,每天凌晨学到一两点才睡,如果我也有钱有资源的话,考清华北大应该也没什么问题。"她看向我,压低声音神秘兮兮的说"姐,你知道的吧,高考试题掏钱是能买到的,听说小B他们那种重点中学,每年都会贿赂一些头头,弄来几道大题让学生练,简直就是送分啊。"

末了,又感慨一句"上了大学还不是一样,他们那些有钱的孩子就去报各种培训班参加各种party发展人脉,像我们这些穷学生……"

"穷学生也可以去参加社团的吧,社团又不要钱。"我终于忍无可忍的打断她,觉得这样的对话好无力。

她所有的缺点和弱项都可以被归咎于这社会的不公平,相貌,身高,际遇,眼界,能力,无一例外的归咎为出身不够优越而带来的缺陷。她所有的错误都是客观因素造成,她无论怎么努力都丝毫改变不了这不公平的现状。

她永远看不到小B的加班,深夜里还在线回复着刁难的客户,一边灌着黑咖啡,一边应对客户对颜色字体等细枝末节的刁难。她看不到别人的努力,只能看到不公平,然后将这不公平越扩越大越描越黑,逐渐变成一个永世无法逾越的鸿沟。

诚然，从出生开始每个人都会面对各种各样的不公平，她是皇室的公主，你是贫民窟里的少年，即便这两个人有一天能够站到同一高度，那贫民窟的少年付出的努力，走过的弯路，都必将比公主多出许多许多。

他们的出身见地资源人脉生活方式，从出生开始就是云泥之别。这是大多数人，没有办法修改的开始和没有办法逃避的困境。

可人的一生，不就是用尽自己所有努力，将这本来倾斜的杠杆慢慢扳平的过程吗？哪怕不能扳至水平线，进一寸也有进一寸的欢喜。

你跟她上了同一所大学，进了同一家公司，做着同样的工作。这就是那不公平的世界对你的让步。

可是这些话我并没有机会告诉小A，她因为盗用别人的设计方案被老大叫去谈话。我记得她在办公室里爆发出不忿的大喊："这世界对我这么不公平了，我无论怎么努力都没有用，那么我用不太公正的手段想要扳回一局有什么错？"

她离开之后，老大说："其实我们今年，是打算招两个人的……"

小A的业务能力虽然没有小B出色，可是她十分擅长与人打交道，很适合做最后一个环节的客户沟通，只是，"还是可惜了"，光脑袋的老大摇摇头叹口气。

你看，这就是不公平如何毁掉一个人的生活。

起初，它用"不平衡"让你心存怨怼缩手缩脚，为你找一个不用付出100%却能心安理得的理由，然后逐渐让你习惯在失落感和挫败感中寻求乐趣。让你一步步失去自省的能力，给自己找到摒弃底线的特权和借口。然后陷入一个自怨自艾与自怜自哀的恶性循环。

它让你觉得所有的付出都是白搭，而只有得到是理所应当。它辜负你，却让你在这辜负中找到一点因为有替罪羊而不必自责愧疚的甜头，然后一步步，让你开始享受被辜负的滋味。让你逐渐抛却教养，抛却真诚，让你在所有场合面对所有人，都"不惮以最坏的恶意去揣度他人"。

它让你不再相信自己，不再相信哪怕是一丁点的可以谋求的公平，不再思考如何运用现有的资源而不是一味的抱怨与哀叹，不再相信你个人努力能够达到的，可能比你想象的要多出很多。

然后直到你众叛亲离一事无成，它还会蒙住你的眼睛让你感叹——

"这是多不公平的世界啊。"

# { 认真是让自己
完整的一种方式 }

刚毕业那会儿，去一家单位面试。前台的姑娘说，请您在会议室等一下，老板在开会，一会儿就来。我正襟危坐，因为感觉门随时会被推开，如果我四仰八叉躺坐着，老板进来后对我的第一印象就不好。

5分钟过去了，没有人来。20分钟过去了，还是没人来。我就开始怀疑，为什么呢？是不是这个会议室有摄像头，在另外一个屋子里，老板正在看这个面试者在没人时的表现？我再次把腰杆挺得笔直，想象着这并不是一间空会议室，而是有无数双眼睛在注视着我，考验着我。

终于等到老板进来，"你好，抱歉让你久等了。"我心里暗暗想，"刚才表现不错，远程监督这一关应该是通过了。"

后来我自己当了部门主管，也开始招人。有时候手头正好有一件事在忙，就跟负责人事的姑娘说，"你让他在会议室等一会儿。"本以为是5分钟就能解决的事，一看时间，50分钟过去了。

匆匆赶到会议室，发现应聘者一丝不苟正襟危坐。"你好，抱歉让你久等了。"对方大多都保持着挺拔的身姿和外交官般的仪态："没关系的"。

后来，我跟一个同事聊天，说到面试心理。她说，我跟你一样，等人的时候总觉得有个摄像头在监视我，是将要见面的人在考验我，所以我会特别认真。可是，实际上，面试官真的很忙，真的没有时间假装开会，先在监视器里观察你40分钟。

类似的例子还有很多，比如与人约见，我一般尽量准时到。准时的意思是，早到最好，如果不能早到，说10点见，就不要10：02才出现。像北京这种交通状况，要做到这一点其实很不容易。

为什么要早到，别人是否会在意？大部分人的回复是，"不急，不急，慢慢来！"反正来晚可以找到一百个借口，但准时到只要一个原则就够了。

我自己会通过对方是否准时来评判这个人的特质。总不准时的人不可信，经常不准时的人想太多，偶尔不准时的人生活稍有凌乱，从来不会不准时的人极有自制力。

曾经有一段时间，我被派驻到外地的一个办事处。办公室就三个人，我和阿明是从总部派来的，加一个香港人标哥。老板每隔一个月才来视察一次，所以办事处基本上是放羊式管理。

规定是9点上班，我们三个人里，标哥是8点到，我是8点40到，阿明一般是10点半到。

我几乎每天早上进办公室的时候都能看到标哥坐在电脑前，我老远就跟他打招呼，"标哥，早！"标哥一直很照顾我，后来我从那个单位辞职，标哥还跟我联系过几次，给了我一些机会。标哥跟我说，"我觉得你很认真，所以我愿意帮你。"

我问他，"是因为早到这件事吗？"

"也不完全是，就是看你一直在好好干活。"

我趁着这个机会就问他，"标哥，你为什么也一直早到？"

标哥说，"我们香港人说，打一份工，挣一分钱，就要对得起这个老板，对得起这件事。虽然在单位也没事，但万一有事，我在，就够了。"

这不是认真不认真的问题，这是职业化的态度。你尊重你的职业，别人才会尊重你。

再见到标哥是十年后，我们在一个饭局上见面。十年没见，标哥自己出来创业了。他比我有耐心，在那个单位趴了七年，了解了那个行业，带着想法和人脉出来创业，第一年4000多万，第二年2个亿。

这倒也是挺公平的结果，认真的标哥并没有因为每天早到增加收入，但严于律己、尊重职业的他，靠另外的途径证明了这种坚持的价值。

大概所有的认真也是如此。

大部分面试等待都没有人监控，你挖鼻孔也好，躺下睡觉也好，其实都不太会影响面试结果；大部分迟到的后果其实都不太严重，你找借口也好，不找借口也好，其实很快都会过去；大部分的工作状态都没人监督，你偷偷淘宝也好，一直刷手机也好，一天上50遍厕所也好，其实都不太会被辞退。

认真和不认真其实都是做给自己看的。往往你的认真，只有你自己知道。但是这一点，却至关重要。

能想明白这一点，就不用担心到底是否有人在摄像头里监控你，是否有人要求你按时到，是否有人盯着你的考勤。因为即便这些认真没有被看到，它也会潜移默化地影响你，让你成为更好的人。

认真是让自己完整的一种方式，即便是没那么成功，没那么伟大，认真本身就是一种值得称赞的美德。而且，虽败犹荣。

这种品德，你值得拥有。

# { 塑造你的是你的付出而不是纯真 }

前几天有人问我一个问题：对历史有兴趣，但是感觉摸不到门，怎么学？

对这样的问题，我一般有个标准答案：先看通史，看几本通史，然后再说学习。

然后他问：看谁的？

我跟他说：钱穆、范文澜、吕思勉、白寿彝的都可以看看。

有意思的是，这个网友继续问：我听说，钱穆观点陈旧，范文澜是政治挂帅，吕思勉太过简略，白寿彝意识形态太浓，我看他们的会不会被洗脑，会不会被带到沟里去？

我说，你看过这些人的书吗？答案是没看过。

我说，要的就是这些人给你洗脑，因为你现在脑子里没有概念。你读了这些人的书，看了这些人的文章，被他们洗脑了，你才有些东西可以存在脑子里。要是他们能像存储数据一样把知识存到你脑子里就好了，实际你看了吕思勉，才有吕思勉的知识，你看了钱穆，你才知道钱穆的思考，他们能给你洗脑，说明你得到东西了。

我们常常会以为"纯真"特别可贵，生怕教育和训练破坏了人的"纯真"。

可"纯真"就像一张白纸，一张白纸的苍白有什么可骄傲的呢？

你没有看过那些书，你就不会懂那些书里的道理；你没有受过一个专业的训练，你就不会知道它的运行规律。

人是被自己的学习和经历所塑造的，你为你的兴趣爱好，专业所走过的路，吃过的那些苦，才构成了你自己，不同侧面的自己，如果你什么学习和经历都没有，你就是一张苍白的纸。

我小时候有个鸡汤测试，告诉你人生总共有一百块钱，这一百块钱代表你的生命。一百块钱来买东西，比如家庭幸福要花你六十块钱，事业有成花你五十块钱，学识渊博花你四十五块钱，很幼稚的一道题，代表你为你人生所做的选择。

选各种答案的都有。

当时给我印象最深的是一个小伙伴，他义愤填膺地站起来，说你们都不对，你们花了这一百块钱，你们生命就耗费在这上面了，悲哀啊！我才不要做这样的选择，我就要做我自己，留着我一百块钱的完整。

班里的小伙伴都被他的雄辩和机智惊呆了，四面八方为他响起了经久不息的掌声。但是，现在想想，你做你自己有什么可骄傲的？你只是一个一无所知的小朋友，你要是长得跟琼恩雪诺一样就算了，"knownothing"还有点萌。你的生命不去追求知识，不去拼搏事业，不去和睦家庭，你要干什么啊？生命总是要流逝的，你不去追寻那些值得追寻的东西，你咋不上天呢？

人都是训练出来的，没有训练，小的时候是小透明还有几分可爱，老的时候是老透明就太可悲了。

骆宾王七岁能作诗，可他后来做《代李敬业讨武曌檄》一句一典。用典从哪儿来的，训练来的。他如果没有训练，写檄文的时候挠破头也只能写一句"武则天，我日你先人板板"，恐怕没人会记得七岁神童的"鹅鹅鹅"吧。

既然相信一万小时定律"能够塑造一个专家，为何又要相信一张白纸"的所谓"纯真"呢？

当然，我们不是所有人都有骆宾王的天赋，我们学的那些兴趣，受的那些训练，也许不能让我们成为那个领域的专家。

　　我们弹了几年钢琴，同样也成不了朗朗，我们跳了几年舞，还是成不了杨丽萍，我们看了那么多书，也没有成为吕思勉，我们临摹了那么多帖子，也没成为书法家，甚至我们连最差的舞蹈演员都做不了，但是，你在这些过程中，用的心血，流的汗，都融进你的血液，让你成为今天的你。

　　你弹过那些钢琴，你才能听一点古典音乐，你跳过那些舞，你才能欣赏它，而不是感叹一声"杨丽萍又老了"，你看过那些书，你才能不人云亦云追国学热，你临过那些帖子，你才能识别那些装神弄鬼的书法骗子。

　　是你的付出塑造了你，而不是那张白纸一下子变成了你。

# 第三章

## 你不用活得跟别人一样

## { 定制自己的成功标准 }

[ 1 ]

我一直不太喜欢"成功"这个充满功利色彩的词语，直到有一天，我发现我那么努力，就是为了有一天取得世俗意义上的成功，最好名利双收。这个成功只能是我自己取得的，与家庭无关，与另一半无关。

我身边有很多朋友，都淡泊名利，对很多东西都不在乎。她们家庭优渥，毕业于名牌大学，行走于世界，她们从不屑于与周围的人争什么，低调的过好自己的生活。

我不同，读书时，好好学习，一定要拿奖学金，认真参加每一个活动，希望自己的证书再多一点，评比的时候可以多加一点分。为了讨老师欢心，业余时间，帮老师干活，收集问卷、录入数据。

独独，我的好朋友，认识8年，最近我在她们家休养，她说："这么多年，你一直想要证明什么。你把生活过得这么紧张，回家只是你第二个工作场所。"可她从来没有劝我放弃追求，因为她知道每个人都有要走的路，要修的功课，而我想要的恰恰是最容易得到的。

独独放弃去欧洲发展回到南方小城，每天画画、练瑜伽、禅修等。而我放弃在农村中学当老师，跑到市区做销售，最后来到上海。

我能够忍受早高峰的地铁，能够忍受加班到10点回家，同样能够忍受大城市的喧哗与吵闹，能够忍受外地人到上海的不适与奋斗的艰难，更能忍受高房租与高物价……

但我绝不能接受自己一辈子碌碌无为，平凡生活。我不能接受在小城市里，嫁人生子郁郁不得志。在过去很多年里，我一直不能够真正的快乐，我对自己不满意，对整个人生都不满意。来到上海后，在这个很多人不喜欢的充满浮躁气息的城市，我才觉得能够真正做自己，找到了存在感，我一点点的释怀过往，变得更加从容。

[2]

大学的时候，W姐是我的学习榜样，我跟着她读各种专业书籍，经常向她请教问题。她非常努力，天天去上自习，读英文原著，搞研究。以第一名的成绩考研去了中山大学，中山大学的心理学考卷全是英文答题。后来，她去香港、国外继续深造，现在定居香港。

她高中时读的省重点，钢琴十级，擅长写作，放弃了某985名牌大学的保送，希望通过自己考试进入自己喜欢的大学。但天不遂人愿，她调剂到我们学校，一个省重点二本学校。

她大学的时候，焦虑已经成为生活的常态，我也是如此，但我们调侃已经能够和焦虑和平共处。就像电影《美丽心灵》中，纳什患有精神分裂，却通过意志力，能够和自己脑海中的幻觉和平相处，一如既往坚持工作。

W姐去年从香港来上海开会，我发现她整个状态都变了，焦虑得以缓解，对待生活从容，变得更加幽默了。我想她终将闪耀，到达了山顶，再看过往，一切都微不足道。

我从小就非常自信，因为我爸爸有钱，我有吃不完的零食，周围人都捧着我。后来，家庭变故，每年过年要债的挤破家门，世态炎凉，都有体会。我那种天生的因为家庭而来的优越感不存在了。

我后来恋爱，男朋友一个比一个优秀，自带光环，他们出场，在人群中，都忍不住让别人多看几眼。有的长得非常帅气，相貌不输明星，有的优秀的让人望尘莫及。可是我时常都不快乐，我才明白，我想要成为他们这样的人，自带光芒，闪闪发光。他们能够满足我短暂的虚荣心，但绝不会让我真正的快乐。

[ 3 ]

心理学有时候是非常残酷的，它对人进行深层次的剖析，把你最不愿意承认的，潜意识的东西，血淋淋的呈现在你的面前。没有谁有灵丹妙药，那些心灵鸡汤喝多了，噎死人，也解决不了问题。

成长之路，那是破茧成蝶的蜕变，就像在刀尖上舞蹈，非常痛苦。独独告诉我说："小迷小悟，大迷大悟。有困惑不是坏事情，一旦顿悟更彻底。"

我大学时，凌晨三点经常惊醒，我梦见自己过得非常失败，惊出一身冷汗。我还因为压力大，经常梦见牙齿全部掉光……那时做完梦，我就记住它，然后找独独帮我解梦。

从大一到大三，与过去的自己相比，我变得越来越优秀，焦虑有所缓解。但两次考研失败，让我建立的自信又轰然倒塌。独独当时说："我真怕你垮掉，因为考研对你的意义已经变了，你把它当成救命稻草，甚至失去了独立的判断，选择不适合的学校一搏。"

第二次考研失败，很多关系好的老师劝我调剂，说做研究在哪里都可以。但我拒绝了，因为太了解自己，对生活绝不会妥协，得不到最好的，我宁愿不要。就像我从小到大一直喜欢吃零食，最好的零食，但后来家庭变故后，舅妈给我买廉价的零食，我不吃。她非常生气，说："心比天高，命比纸薄，你以为还是从前呀。"

这句话唤醒我，不是从前了，我开始戒零食，这对于一直有这个习惯的我来说，非常痛苦。而我花了一年多的时间，再也不吃任何零食，这个习惯保持了十年。我骨子里是骄傲的，我的字典里就没有将就这个词。

[ 4 ]

这个世界一点都不公平，为什么那个傻瓜赚钱比我多，为什么那个傻瓜挣得比我多，为什么那个傻瓜过着我梦想的生活，而我聪明能干，幸运儿却不是我？

为什么那个傻瓜的梦想和才华转化成财富，而我的付出与收入不成正比，每月入不敷出？念书那会儿他成绩一塌糊涂，比我差很多，现在混得人模狗样，我到底是哪点做错了？谁能告诉我这都是为什么？

当我这样发问的时候，我知道自己已经输了，只有弱者才会问为什么世界如此的不公平。真正的强者绝不会对眼下的困难低头。我想明白了这一点，心甘情愿从销售做起。这个世界不存在怀才不遇，没有被认可，不过是自己自视清高，太把自己当回事。

我认清现实用了很久的时间，我与过往告别，从基层做起，哪怕只是一个小小的销售，我也要做业绩最好的销售。我从小就认定自己与众不同，聪明可爱漂亮，虽然这是众人给我的假象。经历了这么多后，我原来那种优越感已经不在，而我却知道那种感觉有多棒，你可以做自己喜欢的事情，可以不因为物质向这个世界低头。

很多时候，我们必须对自己残忍一点，必须下定决心告别过去的那一个自己，然后才能活出不一样的自己。

现在的我，还远没有成功，但我已经过了前几年为金钱窘迫的情境。我已经可以背起包，说走就走。当自家弟弟处于事业低谷期时，我可以说：来上海散心，我养着你。当我爸妈想要一个智能手机时，我可以告诉他们，我给你们买。当男朋友为在上海买房，加班到深夜而回家时，我大言不惭地说：妹妹，努力赚钱给你买房子……

[ 5 ]

这两年，我不在像之前那么关注外在的一些东西，比如别人的看法，不好的评价。前两年，我非常怕这个，就怕周围人觉得我过得不好，就像独独说的特想证明什么。

我知道这是一个过程，没有什么，才想要证明什么。我现在开始回归内心，但远不够，可这又有什么关系呢？我知道等我拥有了，自然而然就不在乎了。

我们看过那么多书，很多成功人写的书，教我们淡泊名利，追求自己想要的生活。我认可他们的观点，但我觉得年轻人，就应该好好赚钱，取得事业上的成功。如果连下一个月房租都交不起，怎么可能选择过自己想要的生活？如果你去参加面试，连一件像样的衣服都买不起，这时你还能淡定的拒绝这份不喜欢的工作吗？

我记得身边有一个人，辞职去旅行，后来遇到雪崩，救援队呼吁他身边的人捐款，把他的遗体运出去。后来，他父母提起他，恨铁不成钢，说他从小就自命不凡，不肯踏实生活。工作总觉得怀才不遇，换了一份又一份。原来，他只是逃避现实生活，才选择去旅行。

张爱玲在《倾城之恋》中写道，"如果你知道以前的我，也许会原谅现在的我。"我记得大学，曾有同学好心对我说你太强势了，女强人找不到男朋友的。也有人说你整天想着学习进步，取得成功，太势利了。更有人说，你这样的女人不会依赖男人，不会幸福的。更有人劝我女人学得好不如嫁的好。每当这时候，我对他们心怀感激，可他们不是我，不懂得我想要什么。

我就是想要成功，这个成功是我自己的标准，我就要三十岁的时候，每年有赚100万的能力，我就要三十岁的时候，在上海拥有自己的房子。我就要在某一个领域，成为专家。我就是要努力，成为畅销书作家，虽然我现在写的很烂，但我一直在努力，别人用2年时间，我可以用10年时间。

那么成功为什么？我就喜欢得到之后，可以风轻云淡的感觉。我就喜欢通过自己的努力，赚到钱，去自己想去的地方，去学习自己感兴趣的事物。我就喜欢通过外在的成绩，一点点内化自己的价值。我就喜欢身边的人需要我时，我淡定的说不怕，有我在。

我对爸妈说："小时候，别人因为你们重视我，长大后，我会让别人因为我而重视你们。你们不用担心，我终将会成功。"

那么努力为什么？那么成功为什么？

# 别因讨好他人而累惨了自己

我有一个很好的闺密，叫她当当吧。我刚认识她的时候，她毒舌又犀利，若我和先生一吵架，情绪不佳，她就恨不得抽我一耳光，再拎起我的耳朵对我吼："为个男人郁闷，有点出息好不好，不行咱就换人啊！"

一开始我可真吃不消，渐渐熟了以后我才习惯了她这么激烈的表达方式，然后，我居然开始无比喜欢她。因为她活得实在太潇洒，太生机勃勃，她可以非常干脆地拒绝某个人，毫不留情地回敬别人的恶意，完全按照自己的意愿生活。但我又很担心她，有一次，我问她这么随心所欲，真的一点也不担心得罪人吗？

当当很鄙视地看了我一眼："那你觉得我人缘差吗？"

我仔细一回忆，惊讶地发现，她的人缘比很多人都好，而那些比她温柔比她周到的姑娘，反而没有她这么好的人缘。

那时当当还没辞职，她部门里来了个叫肖莉的女孩，性格跟当当完全相反，温柔、热情又善良。我第一次过去看当当时，肖莉又是给我倒茶又是给我拿零食，偶尔当当去下卫生间，她会很体贴地找话题跟我聊天，生怕我一个人无聊，到了中午又热情地帮忙打饭端菜。我在心里感叹，真是个让人如沐春风的可人啊！

我很不含蓄地表示出了对她的喜欢，问当当："你有没有觉得这样的姑娘非常讨人喜欢啊？若我是男人，我一定要娶她。"

言外之意是让当当对我温柔点,当当嫌恶地看了我一眼,告诉我肖莉在部门里的人缘不怎么样。我十分不解,如此善解人意的姑娘,怎么会人缘不好呢?

下午我坐在当当办公室上网,肖莉从自己寝室回来,拎了一袋水果,分发给办公室里的每个人。但她得到的只是别人面无表情的谢谢两个字,有的人只是哦一声,指指办公桌上的某个地方,示意她放在那里,还有人直接表示不需要,一圈下来,这位姑娘甚至没有得到一句真诚的感谢。

她默默地回到自己的位置上,开始处理自己的工作,这时候一位同事接了一个电话,匆匆拿起包:"肖莉,我有事要出去一下,这个你帮我交到财务部去吧!"

肖莉立刻热情地接过,表示一定会做好,对方冲她笑了笑,道了声谢,只是听在我耳里,十分功利。肖莉放下手里的工作,赶紧拿着文件去了财务部。

两个小时后,那位同事回来,随口问起,肖莉说已经交给财务部的某某了。

对方一听,脸色立刻沉了下来:"你交给她干吗啊,应该给小沈才对,早知道不找你了,真是帮倒忙。"

肖莉连声道歉,极力向对方解释,对方只是嫌恶地看了她一眼,嘀嘀咕咕地去财务部了。

可怜的姑娘犹如犯了错的孩子,拼命想弥补自己的过错,我注意到一下午她都小心翼翼地观察着四周的动静,如果谁让她帮一下忙,甚至只是跟她说一句话,她就像得到了特赦一样。

我看了心中很不忍,在QQ上问当当是不是要安慰一下这个姑娘,当当回了个白眼过来:"我要是被人如此对待,我希望每个人都无视,那就是给我最大的尊重。"

我想了想，只好作罢。

下班时，我和当当去地下车库，聊起肖莉，忍不住为她打抱不平，当当没心没肺地说："她太希望得到每个人的喜欢，生怕得罪了任何人，所以失去了自我，只能换来别人变本加厉的不尊重罢了。"

我说，是你们部门的人太过分而已吧，当当从鼻子里冷哼一声："部门只是社会的剪影而已，这个社会有很多人习惯去取悦不拿自己当回事的人，而不会善待那些真心对自己好的人，这就是人性。她看不懂这点，注定要受伤。"

当当继续说："她把别人喜不喜欢看得太重了，这样既累坏了自己，也得不到想要的结果。"

想到肖莉小心翼翼地取悦所有人，我都替她累。若是累得值得，也就罢了，可是有些人，注定是取悦不了的，甚至在接收到你想取悦她的信息后，更加不会把你放在眼里，所以，对于这些人是否喜欢自己，真的没那么重要。这样的人，每个人一生中都会遇到几个。

八岁那年，姑姑去上海时给我买来一条裙子作为生日礼物，我对那条裙子的印象实在太深刻了，那是一条鹅黄色的真丝绣花连衣裙，娃娃领、公主泡泡袖，下摆绣着一排细碎的小花，这在80年代是足以秒杀所有衣服的，那时候的孩子穿的衣服大多都是母亲从布店买回一块布，然后找个裁缝做一下，手工好不好不提，款式基本都差不多，像这样的裙子在我们这个小县城里是看不到的。

我拿到后，喜爱得不知如何是好，姑姑让我穿上去给小朋友们看看，我只转了一圈就回来脱下了，生怕弄脏弄破。之后整整一个月，我每天都拿出来看一看，却舍不得穿。

但是某天傍晚，隔壁邻居有个阿姨过来借这条裙子，因为她要带女儿去喝喜酒，没有合适的衣服，她女儿又和我同龄，想借这条裙子穿一天，我自然是不肯，要知道，我自己都没舍得完整地穿一天呢！

她不高兴地对我妈说："哎呀，你女儿这么小气啊，只是借去穿一天而已，完了就洗干净还给她了。"

我妈自然不肯让我被人说小气，忙不迭地从我手里夺过裙子，赶紧送到那位阿姨手里，不顾我的眼泪和伤心。

裙子被拿走了，我哭了很久，整整一天没吃饭，也不肯说话，我妈对于我的"小气"很不高兴，觉得我一点也没继承到她和我爸的大方。

第三天，邻居阿姨来还裙子了，见我理也不理她，挖苦我道："喏，还给你，一条裙子有什么好稀罕的，这么小气，一点也不像你父母，一点都不讨人喜欢。"

我当时不知道哪里来的勇气，回敬道："你不喜欢我，我感到很荣幸，正好我也不喜欢你。"

结果我被我妈狠狠骂了一顿，但我觉得无比舒坦。后遗症就是邻居阿姨到处传播我"小气"，并且添油加醋地陈述了我如何没大没小的事迹。

我妈念叨了我很久，她一直想着如何帮我消除影响，要是以后别人都不喜欢我了，那可怎么办。后来，那条裙子我放在箱子里，再也没有穿过。

我没有我妈那种担忧，唯一觉得遗憾的是，我那时年幼，无力保护自己心爱的东西。

成年以后，我更加明白，对于有些人，你只有不断牺牲自己的利益，去满足他们的要求，才能暂时得到好脸色或者一句言不由衷的感谢，一旦哪次没有满足，他们就会加倍地伤害你，有些人，注定取悦不了，更加没必要取悦。

后来，我又问起肖莉的处境，当当两手一摊："还是老样子，或者有一天，她突然醒悟，或者她永远都这样下去，只能看她自己的造化了。想要取悦所有人，最后只能落个人人不喜欢的下场，因为不论谁说什么，她都赞同，一个人没有自己的主见和立场，在别人眼里就是墙头草，谄媚的角色，而一个有主见的人，虽然不会人人都喜欢她，但跟她观念相同的人会喜欢，所有无论什么样立场的人，总会交到自己的朋友，唯有试图取悦所有人的人，别人都不会跟她深交。"

有一次，我在商场遇见肖莉，也许是她之前给我的印象太好，我还是忍不住跟她说了几句心里话，大意是让自己足够优秀，才能得到自己想要的一切。她乖顺地点点头，而这些话对她是否有用，我没把握，后来，我听说她离职了。

我想起当当经常挂在嘴边的话："我又不是人民币，能让每个人都喜欢我，就算我真是人民币，架不住人家更喜欢美金、欧元，所以，我不用人人都喜欢我。"

这个世界上，不是我们愿意委屈自己，奉献自己，就能得到别人的喜欢。即使我们做得再好，再优秀，都有人会讨厌我们，所以，没必要累坏自己。

不必去做一个人人喜欢的姑娘，但一定要做个自己喜欢的姑娘，不迎合，不媚俗。

## 学会克制，方能拥有

上网的时候突然从页面弹出来某地豪华自助餐的广告，光是图片就是一场视觉的盛宴。新鲜的生蚝，扇贝，三文鱼，带着各种酱汁在铁板上冒着烟的上乘烤肉，几十种造型精致的甜品，口味繁多的哈根达斯……鲜艳的颜色直逼味蕾，在屏幕上弥漫开一股诱惑的气息。

我想起上一次吃自助餐还是在半年前，朋友请客的日料店，环境优雅食物上等，我吃了一小碗沙拉，几片生鱼片和天妇罗，就停下筷子聊天喝茶水。同去的朋友戏谑说带着我根本吃不回本，我也摆摆手不再继续。不是食物味道不佳，而是多年的习惯使我在如何丰盛的美食前也要坚持慢慢享受。

我看着眼前走过三三两两的年轻姑娘，毫不手软地把盘子里的食物堆得高高的，不禁感慨我十八岁时也被青春撑出这样一副好胃口，恨不得把所有的滋味都装进肚皮里。可是时间啊，它真的可以改变太多事，和那时的我相比，我想这八年里我学到的最好的一件事，就是克制。

十八岁时我总是吃得太饱，在那个肯德基汉堡还算很大的年代，不夸张地讲，我一个人可以轻松吃掉三个。街边摊地沟油炸出来的巨大鸡排，我也能够在老板娘吃惊的目光中干掉四串，然后半个钟头后回家吃妈做的地三鲜，还能把一碗米饭压得踏踏实实。我的胃口是被欲望撑大的，吃饭时生怕吃亏，把自己养出一副狼吞虎咽的狠相，往往这一筷子的肉还含在嘴里，眼睛就瞄准了下一口的目标。

那时我刚上大学，校园里每天早晨都会有一些摆早点摊的人，我会买一个肉松面包，一份肉夹馍，还有加了蛋和香肠的煎饼果子，然后再顺路去综合楼买一杯现榨的豆浆，去教室潇洒地吃掉一个人的豪华早餐。摆摊的大姐有一天很有聊天的兴致，问我"妹儿啊，你每天都给别人带饭啊？！"我轻描淡写地说，"不是啊，我都自己吃的。"大姐立即一副吃惊的表情，马上用招呼别的顾客来掩饰尴尬。

我觉得没什么不好意思，因为我还有更可怕的时刻，比如上课到一半突然饿了，就索性找来去厕所的借口，跑到食堂点一份分量巨大的炒面。别的女生会点一些青菜和一点肉，我呢？我点腊肠，鱼丸，虾丸，甜不辣，蟹肉，大白菜，生菜，土豆片……等着师傅把炒面堆成塔型端出来，我就在十分钟之内旁若无人地把盘子都舔干净。

除此之外，我对自助餐也有着一种深深的迷恋，金汉斯，汉斯烤肉，高丽园……但凡那些三四十块就能流连的地方，每一样食物都令我百吃不厌。最壮烈的一次，中午去自助餐吃到肚皮几乎爆裂，回来坐校车的路上，狂吐不止，结果晚上有人说吃火锅，我又从寝室的床榻上一跃而起，在鸳鸯锅的雾气蒙蒙里干掉两大盘羊肉片，两坨粉丝，一份蔬菜拼盘，和两杯酸梅汤。

在那样的青春里，饿是不可以等待的一件事，我从不知道什么是克制，我搞不懂为什么有女生在很饿很饿的时候还可以优雅地小口啜着咖啡，而我总是在超市买了零食就要在出口的地方迫不及待地撕开包装袋，就像我搞不懂为什么别的女孩子身材苗条，而我却是个一百三十斤的矮冬瓜。

除了吃到太饱，十八岁时的我爱一个人，也爱到满得溢出来。我的生活，仿佛全部围绕爱情而生长，我拼命地讨好，拼命地关心，拼命地在乎男朋友的欢喜——我在冬天熬到下半夜两点，只为给心爱的他织一条围巾；我也常常溜掉重要的专业课，只因为他一句"你陪我吃个饭吧"；我烫的头发，是他喜欢的那一款，压进箱底的衣服，是他不爱的颜色。

　　一个人的精力很有限，爱别人太多，留给自己的关心就渐渐少起来。男朋友生了病，我煲粥熬汤起早送饭，把药房里治感冒的药一样一样地买回来，而自己发高烧的时候，只要男朋友需要陪伴，我就用袖口擦擦鼻涕穿着单衣和裤袜自认为很美地迎着寒风去赴约；当我下定决心去考一个证书，男朋友用一副"跟我有什么关系"的表情看着我，而当他为了去五百强公司面试做准备，我通宵熬夜把网上的面试经验全部为他写下来；甚至在我们分手的时候，我还为他留下一个厚厚的本子，上面手写着这段感情从暧昧到结束时我们之间发过的全部短信。

　　他并不知道，在那些争吵不休的时刻，我就像是一只被人遗弃的流浪狗，在那些单薄的文字和那若隐若现的感情间，仔细嗅着他对我曾经的喜爱。在那样的青春里，爱上一个人就要拼命对他好，不留一丝余力。我从不知道什么是克制，就像我不懂爱情，还不能够了解，爱情不是一场公平的心意交换，不是每一场不遗余力的付出都能换来一份全心全意，就像我不明白，为什么我爱的人，最终头也不回地离开了我。

　　十八岁时我的性格急躁，脾气暴烈，说话一副大嗓门，做事完全不会深思熟虑。为此我做事武断，缺乏对事物客观的判断，经常按耐不住脾气和别人争吵，也不经大脑地说了很多令人伤心的话，事后才发觉自己的残忍和粗暴。那时出去吃饭时遇见态度不好的服务生，就一定要摆出脸色回敬给她看，从没想过那张年轻面孔背后的辛苦，或许她正在经历失恋也或者正在为给老家汇钱而一筹莫展；我也经常直截了当地对妈说，"这道菜一点也不好吃"，丝毫不领会她工作一天还要回家洗衣做饭的辛劳；我因为朋友和我说出男朋友劈腿的真相"也许他没有那么喜欢你"，而觉得她一定是在狠狠嫉妒我；我一意孤行决心去做的事，如果有人提出反对的意见，我的脾气就会立马炸开来。

在那样嚣张的青春里，我还来不及去读懂什么是克制，我不明白为什么同样是女人，一些人谈吐轻缓举止优雅，另一些却聒噪粗俗，我还来不及明白，将她们如此清晰地区别开来的脾气，叫做修养。

十八岁时的我，那么年轻那么张狂，吃了太多爱了太满，发了很多脾气，在青春里装满那么多的欲望，期待它们下一秒就会全部实现。那样的日子里，我吃饭时总是带着贪婪的胃口，恨不得把菜单上的每一样东西都吃一遍；逛街时喜欢一件衣服，就算刷空银行卡也要得到；想去一个地方，会因为订不到临时的机票而恼怒不堪；计划去一个餐厅吃饭，如果赶上停业整修就会恨到咬牙切齿；讨厌一个人，就连他的全部都讨厌，盲目地忽视他别处的优点；爱一个人，就拼命地对他好，仿佛这样他就会用同样的心情爱上我……

后来很多年过去，我吃了亏，受了伤，得到很多委屈和教训，才渐渐地领悟，不是所有欲望，都要马上实现，克制的能力，让很多事情有了更好的结局。

太好吃的食物，不必一次吃得太多，因为总是会有机会，再去品尝一下；喜欢的衣服太贵了，就不要把所有的钱都花掉，再等等说不定就会看到物廉价美的款式；订不到飞往A地的机票，就发掘一个新的地方，也许会发现其实B地更适合旅行；心爱的餐厅停业整修，多在附近转一转，说不定会在旁边的小餐馆吃到更有滋味的食物；讨厌的人虽然不能成为朋友，客观地用心去看也许就会发现他很多深藏的优点；深爱的人不一定要马上得到，如果他没能够以同样的心情爱上我，那或许是因为有更好的人在等着我……我慢慢感悟到，人生中有太多的事情不能马上得到，也有太多的事情可能永远也得不到。

成人之后，我经历了很多事遇见了很多人，看到了不同生命的景象：有人因为对爱情过度付出，失去了自我；有人因为贪恋金钱，毁掉了前程和家庭；有人对食物痴迷太多，损失了身材和健康，有人性格偏执张狂，给深爱的人带来一次又一次的伤害……我常常想,在这个复杂又诱惑,人人都想获得更多的世界里,克制能够让一个人得到什么?

人生中有很多很多的欲望,是无法马上实现的,也有很多很多的人和事,是注定要做错和错过的,与其贪心追求更多,不如练就克制的能力去放下多余的欲望。

克制住过多的食欲,就得到了健康;克制住过多的脾气,就得到了修养;克制住暧昧,就得到了真爱;克制住急躁,就得到了思考;克制住爱情中一厢情愿的付出,就得到了尊严;克制住对物质无止境的欲望,就得到了精神上的宁静和快乐……

克制的力量,让人慢下来,静下来,优雅起来。你所有克制着去爱去感受去经历的事物,都会成全你,那些无法得到与实现的,如果它最终没有属于你,说不定那就是最好的结局。

{ 与其在平庸无能的日子等死，
不如做一个孤傲独立的思考者 }

在信息爆炸、社交频繁的当下，我们很容易会忽略"独处"。面对鱼龙混杂的信息，我们的思路会被扰乱，时间会被浪费。而无处不在的社交则让我们容易被负能量侵袭，无用的社交更是会令我们慢慢变得迂腐平庸。

所以，你再多事儿办，也请记得挤出时间来屏蔽信息，暂停社交。静下来与自己"聊聊天"。解决问题的灵感总能在独处时迸发出来。"最真实的自己"，也往往是在独处时才能遇见。

[ 1 ]

你合群吗？

今天恰巧在朋友圈看到一个朋友的话。

他说："自己有点像约会恐惧症重度患者，会在约好时间发一条短信：我不想去了，我不想见你。然后静待拉黑。"

说实话，我还挺喜欢这样的人的。所以我给他回了句：我经常。

他笑，我就补了一句："没有为什么，就是不想去。"

然后他说，现在对方已十分生气的发了十多条语音，但我一条没听。我说，我也是这样，我现在特别害怕语音。后来我们都乐了，一如朋友认为的：

"电话是带有侵入性的，而我也把屏蔽信息当成防卫。"

在信息爆炸的时代，我们已开始学习自我防卫了。而所谓的防卫，就是避免信息干扰。

[2]

在这高感知的时代，我不知你是如何看待信息的。

我已经删掉了一系列的资讯类平台，除了自己定期订阅的特别冷门的号，例如关于量子力学、大数据、航空、VR的领域之外，我甚至已经不关心金融、娱乐、社交一类的，艺术类的信息偶尔关注，也仅限于自己喜欢的艺术家，那些没有哲学系统的创作者，我也已经不关心了。

而当朋友圈出现热点或者娱乐花边时，我很轻易地看出，

"哪些是涮大众智商的，哪些是利益博弈，哪些是新闻（只是新闻）。"

我觉得这个时代的部分新闻从业者太敷衍了，纯粹的报道早已让各大平台缺乏亮点，而从来没有真正意义上，从良知、传媒伦理等层面带给大众真正有用的东西。

"简单说，在技术快速发展的今天（机器人写作都来了）我们的大脑还跟不上技术。"

所以，我们并不能分析出哪些内容是有价值的，而哪些内容是浪费时间。

在我看来，屏蔽绝大多数信息，是对自我灵魂的保护。我不渴望自己被噪音侵袭，也不希望自己被舆论绑架。

避免被噪音侵袭，其实是确保自己时间不被浪费的保障。

[ 3 ]

说到浪费时间，所谓合群的社交和聚会是我第一时间屏蔽的。我已完全放弃日常的社交和聚会了。

更多时候，一如你们所知道的，我会带三两本书去吃一碗茶泡饭，在我游泳之后。

在日常中，绝大多数的聚会都是无意义的。

"如果说独立思考的个体是具有群体的智慧的（例如，将一万个人隔离在不同房间，让大家去猜大象的重点，平均值，或者，中位数，都是无比接近真实的大象重量）但事实上，现在的我们其实已经缺乏个人判断了，甚至形成"系统性偏差"。

虽然说，一个人可以走得更快，一群人可以走得更远。但毫无意义的聚会和社交只会让我们更加平庸和愚昧，我们不仅个人的懒惰、无所事事、不思进取，我们更影响了别人的人生轨迹。

所以，但凡遇到聚会，我都很谨慎。

一是避免自己不成熟的观点会影响到别人；二是避免别人的负能量影响自己的情绪；

未来充满不确定性，我们或许只能做好自己。这点既是明哲保身，也是不想耽误别人前途。

当然在这里，不是说不聚会。我身边也有一群在各个领域很厉害的朋友，我们会每月见一次，不胡吃海喝，不浪费时间，而是彼此交流不同领域的观点和信息，我们分享彼此独立探索后对未来的理解。

而在其他日子里，我们选择不打扰。

我们尊重每个人的独处时间。

[ 4 ]

我曾经用漫长的时间去对话孤独，我也曾经有很焦虑不安的日子。

直到后来，我开始享受独处。

身边很多朋友说我变了，变得不合群了，也变得很高傲了。

其实并没有。

我只是不想说一些我想不明白的话题，我只是不是在无意义的事情上去耗费脑力。前段时间有推荐米兰昆德拉的《庆祝无意义》，很多人看不懂，大家以为作者要表达的是无意义的生活状态。

但其实那本书的本质是，如何在无意义的生活状态中，珍惜因为无意义而留给（归还给）自己的时间，如何在无意义的时代学会独立思考。

信息大爆炸时代对人类智能进步的最大伤害就是：

大量的、措手不及的信息，引发你本能（获知欲）的恐慌；

一如越买书你越焦虑一样，你本能地去拥抱信息，但发现自己其实不能掌握任何信息；

甚至，这些信息毫无价值。

而独处会让你和这个旋转上升的时代暂时断开关系，从而找回原本自己作为个体的位置。

[ 5 ]

位置很重要，高质量的独处，就是"找到位置"。

关于位置的第一点是：你现在在哪里？

任何人看到的世界，其实都只是冰山一角。

但我们总认为自己看到的世界，就是全部。

独处第一个告诉你的就是，你到底在哪里？你真的没有想象中的那么重要吗？

当你把手机关了，其实也不会有太多人找你，你以为自己和朋友圈的关系很近，但其实不是，只是你以为自己很近。所以，如果想要独处，那就先关掉手机，试图三个小时不开机，然后寻找自己平常日子里应该做的事。

关于位置的第二点是：你怎么看关联？

当你独处时，你会发现事物的定价权变了。

定价权变了就是这个世界的游戏规则变了。

因为这个时候，你和任何人都没有关联了，谁也不能影响你的判断，也不能影响你的智商，你开始发现，这个商业社会给我们创造了很多不真实的消费需求，其实很多商品都是泡沫，都是吹起来的昙花一现的"蛋糕"（恩，蛋糕，资本市场很热衷的一个词），你突然意识到，这个世界其实是很朴实无华的。

你可以去吃日料河豚宴，你也可以吃老火白粥就榨菜。

那么问题来了，你到底要什么？

关于位置的第三点是：你在宇宙哪里？

这其实是你和生命、宇宙三者间的关系。

你是在生活看日常，在地球看宇宙，还是站在当下看漫长的人类历史时空。当每个人排队面临最后一扇门（死亡）时，你有考虑过自己如何面对吗？

你会悲伤、欣慰、恐惧、感慨还是选择逃避？

你现在所认为的快乐，还是真的快乐吗？

你目前所拥有的全部，还真的是存在吗？

当我们站在独立的一个点看浩瀚的宇宙时，星辰大海从来就不是什么文艺装逼的词，而是悲凉凄怆，在那个瞬间，你会发现生命是浅薄的，你也会明白，芸芸众生，那些短暂的快感是浅薄的，而当你站在这个纬度去看目前所有的事业和商业逻辑时，你会发现，本质如此简单。

然后你开始懂得，去伪求真。

这就是独处的力量。独处之后，你看很多事，都更清楚明了了。

[ 6 ]

独处背后的冥想，让你回归宇宙公民的角色。

用罗素的话来说：

"冥想是个好东西，它不仅扩大了我们思想的客体，同时也扩大了我们行为和感情的客体。它让我们不只是属于某个城市、某个国家，而是属于整个宇宙，成为宇宙的公民。在宇宙公民的身份中，就蕴含着将人从奴役和绝望中解放出来的部分。"

这句话怎么理解？

说白了，在你独处时，你现实的一切都不能定义你目前的价值、地位、身份，你自有逻辑，而你的身份也就回归到宇宙和人关系的本身。

而所谓高质量的独处，就是：

"你开始不自我、不自私、不自负地去理解你和宇宙的关系，通过非我，能将自我的界限无限放大，通过宇宙的浩瀚，那个冥想宇宙的心灵也随之分享了永恒。"

那个时候，你会获得宇宙真正要传递给你的信息。你也会屏蔽日常生活很多的不公平、隐忍和荣辱。

做宇宙公民的老司机。

最终，你更广博的理解这个世界。

最后想说的是：

宇宙从来都没有要求我们要做一个合群的人。与其在平庸无能的日子等死，不如做一个孤傲独立的思考者。

# { 人生是一个打开
  再合拢的过程 }

[ 1 ]

刷朋友圈的时候，不经意中看到了浩祺的一条信息。他在朋友圈里写道："生活这家伙，对我充满了敌意！"

浩祺是我的学弟，印象中是个积极乐观的男生，所以我看到他发这样的话，很是吃惊。一经询问，才知道是受了情伤——几乎快要谈婚论嫁的女友，突然就屈服了家人的意愿，嫁入了"豪门"。

我对浩祺说："把那些展示你脆弱的东西都删了吧！"

浩祺锁着眉头说："可我好恨啊！我好不甘心啊！为了她，我可以放弃一切的，可她不敢为了我放弃一切！"

我说："恨一下就够了，恨得越多，你的损失越大啊。到最后，你最大的损失不是失去她，而是你用这些既成事实的时光绑架了自己的未来。她只是辜负了你一段情感，你却辜负了自己剩余的时光。"

电影《非诚勿扰》里有段经典台词：我走遍了祖国的大好河山之后，我总算想明白了，失恋不可怕，有眼无珠不可怕，看不清人不可怕。可怕的是你拿着一堆垃圾非要当成潜力股，还捧在手心里使劲地惋惜。这就跟你得了流行感冒一样，难过之后需要增强的是免疫力；而不是一边痛苦，一边非要作践你自己。

失去一个人，真的不是世界末日，最多只能算是加长版的重感冒。这一刻你再怎么难受，再怎么歇斯底里都算正常，但在时间的呵护下，病还是会好的，伤痛也终究会散去。

想要把自己从绝望的情绪里拯救出来，你最终还得靠自己。没有人能够带你走出一场浩劫，自怜是最没有意义的。

自怜能说明什么呢？除了你什么都想要的贪，还有你鼠目寸光的懒。

恋爱时最可笑的事情就是，他才陪你去了一次公园，给你做了一顿饭，跟你说了一句晚安，他就成了"对我最好的人"了；失恋时最滑稽的一句话就是"我再也遇不到对我这么好的人了"。

哪有那么多"最好"的人。你才见过几个人？

所有初始时就觉得惊艳的感觉，都可以归结为见识少。

其实，世界没有你说的那么荒唐，也不会太好；感情没有你鄙夷的那般不堪，也不是那么美妙。如果你总是沦陷在悲伤的井底，你就看不到外面的阳光明媚；如果你总是把自己锁在幸福的幻觉里，你就看不出现实的残酷。

当你往后站一步，以更大的视角看整个人生时，你就会发现，从前和以后遇见的人都很多，总得经历几次，才能成熟一些。毕竟离开的只是风景，留下的才是人生。

怕就怕，你既看不到希望的岸，也观望不到幸福的岛屿，而只好任由自己在伤心的海里溺亡。

我想提醒你的是，生活是个冷漠的编剧，它不会因为你多给自己加了悲伤的戏份，就多付给你片酬。情场本就是一场泪流成河的沙场，你最该关心并思考的是前方的路该如何继续。

失恋也好，挫败也罢，真正摆脱它的方式不是躲避，不是试图忘记，更不是丑化对方，而是接受结果——它已经发生了，你只需从它那里汲取完经验，再给它鞠个躬，就要赶赴下一段旅程。

再说了，你们只是一起走过一段路而已，何必把怀念弄得比经过还长？

[2]

有一阵子特别痴迷法律，便在微信里加了几位法律专业的大学生，艾伦就是其中一位。然而，这位在朋友圈里晒了无数帅气写真的男孩的签名上赫然地写着："毕业了绝对不做律师，绝不干那种替恶人维权，帮坏男人办离婚案的事儿。"

我就私信问他："你见过律师替恶人维权，那你也该知道还有很多是替弱者维权的啊？你见过律师替坏男人办离婚，那你也该知道很多被家暴的女人也需要维权啊？"

他回复我："你说的是少数，多数情况下，是恶人、坏人才有钱请律师，还请的是大律师。我以后当律师，无非是两种结局，一种是被迫替这帮坏人打官司；另一种就是帮弱者打官司，然后不得不面对一帮成精了的大律师。那还不如不干了。"

我没有再跟他聊了，因为我知道，他对这个社会已经有了固有的判断。再多说一句，不过是互相嫌弃罢了。就好像说，他偏要说一加一等于三，我只会感到怜悯，而不是愤怒。

生活中类似的例子还有很多，比如，"你是心理学专业的吧？你能催眠我吗？""我最讨厌上海人了，都是小气鬼。"再比如，谈到东北人，就有人说"东北人豪爽"；谈到日本人，就有人说"没有一个好东西"……

下这些结论的人，无非是凭着一点点道听途说，零星的读书看报，荒唐的电视剧情，以及毫无根据的人云亦云，就妄下结论！

圣哲曾说："识不足则多虑"。意思是说，如果你的见识不足，就会难以决断，接着就会思虑过度、担忧狐疑、没有安全感……换言之，多思多虑、惶恐不安的生活并不是外界给你的，而是你自己见识少造成的。

因为见识少，你才会随意评断一个人，才会受限于一段扭曲的感情……你就很难理解世界的不公平，也接受不了失去，更不会明白努力的意义。

生而为人，我觉得你至少要有一个起码的智商底线：你可以不是那个最有见识的人，但千万千万，不要成为最没见识的那一类。

[ 3 ]

如果说，一个人来到这个世上，总是会发出与旁人不一样的光。那么R身上的光必定是电焊级的——既刺眼，还扰民！

R是我的老乡兼室友，为人没有坏心眼，可总是一副怨气满满的样子。谁要是感慨了一下新上映的4D电影效果好，R就会说："去年我也看过一次，没什么效果啊，就是糊弄人，圈钱罢了！"谁要是说："马尔代夫的海水太美了"，R就会说："中国也有海啊，干嘛要出国？爱国不能只是嘴巴说呀！"

R不喜欢国产剧，谁要是说哪部剧好看，他就会嗤之以鼻地说："这种剧你也追得下去？"他自己不看足球，谁要是替足球喝个彩，他就会很不屑地说："踢那么烂，你也看呐？"

R活得就像一个行走的负能量蓄电池！

对于R这样的人，我只想说，你自己的心里空无一物，你才会怨气满满；你什么都不相信，你才会绝望不断。

实际情况是，这世界并非完美，也远没有你说的那么糟糕，只不过是你未曾见过好的罢了。

你每天活动的区域仅限于你所在的小区，那么你怎么判断别处没有更好的公园和很棒的运动会所？

你的英语词汇量只有100，你又如何理解得了词汇量达到10000的人描绘的美好世界？

我的建议是，当你在判断某件事不好、没希望、没结果的时候，当你在判定某个人不善良、没前途、不可靠的时候，请先反思一下自己，是不是因为自己的见识太少，或者看东西的层次不够？

如果你仅仅凭借自己那些浅薄的、低层次的经验和认知，就去作出一脸成熟的评判，对结果、对真相都是不公平的。

只有当你攒够了见识，你才有资格对别人下判断，你才会意识到世界其实比你想象的要大得多，你就不会蜷缩在自己的小圈子里生锈、发霉。

喝过几次低端进口红酒，就断定顶级的洋酒不好喝；读过几本不加甄选的烂书，就信了别人的"读书无用论"；见过几个贪财的女孩，就说所有的女子都物质；因为遇人不淑，就判定世界没有真爱；升职没他的份，就说是别人有关系……在这样的人心里，世界是灰暗的，人心是卑鄙的。

但可笑的是，这样的人既不甘心认宰，却又学不会提防。于是，一边消极地生活，一边"努力认真"地把这些消极情绪塞给身边的人；自己的日子过得昏昏沉沉，无聊乏味，还把身边的环境也搅得昏天暗地。

其实，人生是一个打开再合拢的过程。年轻的时候，你只有打开了自己的人生，拓宽了自己的视野，看到生活不同的可能性，才会明白什么样的人生是适合自己的，是自己最想要的。

人生旅行最惨的结局是：你都快到终点站了，还没明白自己为什么要上这趟车。

我也只能无奈得出一个结论：上帝在往人间喷洒智慧的时候，你肯定是打了伞！

## 别被花里胡哨的概念摆弄得找不着北

现在特别流行建立自己的个人品牌，很多人跃跃欲试，看到网红们个个在网上赚大钱，羡慕不已。还有一种学说，叫"斜杠青年"，指的是一群不再满足"专一职业"的生活方式，而选择拥有多重职业和身份的多元生活的人群。两种思想越来越流行，成为现在很多人非常憧憬的生活方式。

很多人问：如何建立自己的个人品牌赚钱？我想下班后做第二职业，做什么最赚钱？你怎么看斜杠青年？虽然我有一个品牌叫"下班后"，就是号召大家用自己下班后的时间建立自己的个人品牌的，但这个品牌的前提是你上班时候的本职工作一定要非常好，而不是说上班瞎糊弄一下，下班后点灯熬油的苦逼。

### [ 本职工作和第二职业哪一个更容易赚钱 ]

本职工作和第二职业哪一个更赚钱说不好，但是任何一件能赚大钱的事情，必然连带着巨大的付出。如果你没技术没特长，最好先做好自己的本职工作，把上班八小时利用好，为自己创造更大的个人价值，让自己尽快升职加薪。如果你连一天8~10小时全天精力最充沛时候的工作都做不好，都无法让领导满意，都无法按时升职加薪，那么需要分散你精力的第二职业基本上也好不到哪里去了。

有人说，现在自媒体很红，咪蒙就是下班后写公众号，发个广告三四十万，她就比上班赚得多。咪蒙曾经做过十多年报社记者，Papi酱是中戏导演系研究生，六神磊磊读了二十年金庸，即使月入10~30W的普通大号，不是一天两本书的读写到深夜，就是打着吊针都在写稿的键盘侠。如果这份辛苦和自律和意志力你也能做到，那你第一职业就能赚翻了，根本不用等第二职业。

也有人要问，那我不喜欢我的本职工作啊，根本无心发展，只能在第二职业上寄语希望了。这么说就不对了。如果你不喜欢天天八小时的工作，你为什么不直接换一个你喜欢的呢？当然，换工作没那么容易，但其实每个工作都有自己的特点和锻炼人的地方，比如人际关系，写作沟通，领导力等等。工作内容不同，但能锻炼的品质都相同。其实大部分人不是不喜欢自己的本职工作，而是逃避压力和束缚，总觉得生活在别处。但其实任何事情，包括爱好，只要变成工作，都有压力和束缚，没有舒舒服服赚大钱的事儿。

[ 塑造能赚大钱的个人品牌的资本是什么 ]

很多人看见别人在网上写点文章，说几句话，录个视频就赚大钱了，感觉自己一登上历史舞台也能成为人生大赢家。可真正着手的时候发现自己不知道该用什么赚钱，于是跑来问我，我没技术没特长，想开发第二职业，自己该干嘛呢？

通常我的回答是，如果你有体力没技术，最好还是去麦当劳做个服务生。

想用下班后第二职业赚钱，有几个要素：有技术（会做酸辣粉咸鸭蛋都行），有精力，能吃苦，耐得住时间和寂寞，不怕恶心不怕烦。我给大家举个例子：

我非常仰慕的秋叶老师是一个中国的PPT界非常知名的大咖。他的本职工作是武汉某个大学的一名老师，据说他的课学生抢都抢不上，每次上课都人满为患。十年前，他在课余时间开始研究PPT，起初出一些PPT教学书，后来开始做网易课堂，现在开始做社群课堂，并和国内很多年轻的PPT达人们联手合作，帮助培养更多的年轻达人用自己的技能赚钱。据说秋叶老师一年可以收入500~1000W。从秋叶老师的朋友圈里，可以看到，基本上除了上课的时间，秋叶老师都在全国各地奔波讲学，与不同的达人交流沟通，深夜和清早都在做研究。有次提到他赚钱赚翻了，他说："辛苦钱是一本书一本书，一门课一门课赚出来的，其实不多。"

下班之后还要付出比上班更大心血来做第二职业，而且要做好多年才能有结果，在销售过程中会遇到很多极品客户，每一个都不是好做的。如果你上班八小时都创造不出什么有价值的事情，那下班后几个小时还要吃饭睡觉看电视聚会，能挤出来让你学习新知识的时间并不多，因此需要强大的自律和意志力。

[ 为什么我不主张本职工作都做不好的人追求斜杠青年 ]

乍一听斜杠青年这个概念好酷啊，每个年轻人都跃跃欲试，感觉自己在各方面都能有那么两把刷子。诚然，在三十岁之前，如果你在各个领域都有点建树，确实是一件很酷很耀眼的事情。但人的精力是有限的，如果你连上班的事情都做不好，还要去涉猎不同的方向，当你的精力被分散到很多方向的时候，你确定自己能做好吗？

一件事略懂很容易，但深耕很难。人到三十岁以后，需要一个非常强势的，能够傍身的技能，这个技能能让你在一个行业里成为专业人士，甚至走上更高的位置，升职加薪当高管赚大钱都是要靠这份技能。三十岁之前，你可以各个行业混一混，赚点小钱，露露脸，但三十岁之后，专业与经验是你的资本，猎头在招聘高级人才的时候，首先第一条就是8~10年专业领域经验等等。如果你在任何一个领域都做不到这一点，中高层位置基本跟你没关系，你幻想过的高位高薪也基本跟你挥手再见。

可能你要说，那个前百度国际媒体公关总监郭怡广，还是唐朝乐队的创始人呢，人家也做到了高层啊。对啊，但首先人家工作上非常努力，曾任商业杂志《红鲱鱼》的中国版总编辑，奥美中国数字行销策略群总监，优酷网国际业务总监等等，这条可千万别忘了。当一个人首先在专业上得到尊重之后，你的副业才能被广泛传唱，你才能当传奇一样被人敬仰。

想当斜杠青年？没问题！先用三五年时间把自己赚钱养家的工作所所实实做好，然后再四处发张。即使发展错了，或者积累的不够没发展出成果，也没关系，至少还有一个让你傍身的工作技能，让你还能畅快的想唱就唱，游走四方。

当然，如果你说你并不想要钱，就是要体验世界，感受世界的美好，那确实不太适合我说的。

[ 如何让你的老板同事对你做第二职业不嫉妒不反感 ]

很多人问：如果我下班后做了另外一件事情还赚钱了，那我的老板会不会有意见？我同事知道了会不会嫉妒我？答案是：当然会！一定会！因为人都是有嫉妒心的，当你比别人赚得多，名气大的时候，没人会在乎你付出了多大的努力，而是只能看到你比他们多得到的这个结果。

你的老板一定会觉得你用上班的时间赚别的钱，并且对你上班的工作量持怀疑态度，甚至对你的工作态度表示不满。

更重要的是，当你的本职工作做得一般，第二职业熠熠生辉的时候，你自己觉得自己挺牛逼的，但其实工作是要结果的，在老板眼里，你什么都不是，因为老板只关心你的业绩，不关心你业余时间多牛逼。

那就完全没有办法吗？当然不是！

我有一个好朋友叫鼹鼠的土豆，就是一个非常聪明的人。她是一个网络上的写作红人，也非常喜欢读书，同时她也是一个出版社的营销编辑。因此她利用自己所有的个人平台，来推广自己工作上需要营销的书，比如撰写读后感书评，比如建立书评小组组织阅读等等。这样一来，她手上所有需要她推广的书籍都卖得都非常好，她的奖金提成就会很高，而她的领导也特别高兴看到一个员工愿意用自己的私人平台来帮助工作；而她自己也因为长期做与图书相关的内容，建立了自己独特的个人品牌和风格内容，很多人关注她都是为了看到她提供的好书资源和推荐。

其实这就是一个非常聪明的办法，将自己的个人品牌与工作联系起来，让你的老板同事和自己都满意，还能让老板百分之百支持你。如果非常心高气傲，觉得自己苦心经营的一切怎么能便宜了公司，那你早晚会死在自己的工作上，因为很少有老板愿意看到自己的员工本职工作一塌糊涂，把90%的精力用在了别的地方去赚钱。

前些年国外有一个概念叫Gapyear在中国特别流行，几年后发现，根本不是那么个事儿，国情不同，背景不同，单纯的模仿字面意思，让一群群的年轻人都掉进了坑里。过了一段有个概念叫"穷游"又火了，后来发现穷游说白了就是穷浪，为什么不能好好赚钱踏踏实实去看世界？

同样的道理，当一个概念进入我们的视野的时候，概念本身没有错，但要结合自己的实际，甚至国情和背景的实际，不是拿来就用，感觉还挺时尚。

过了几年发现，那些看起来闷头土脑的同龄人早已成为了人生大赢家，而自己被一群花里胡哨的概念摆弄得找不着北。

　　当然，我就是一个普通人，走普通的人生路线，思想陈旧又保守，就主张努力赚钱，买房买车，让老人孩子生活无忧，自己再去追求更大更美好的世界，就这样。

## { 把努力当成一种常态，而不是炫耀的资本 }

昨天在微信看到一个广告同行发朋友圈：深夜加班中，感觉自己要昏过去了。

刚准备点赞，就刷新了一下界面，一条新的朋友圈更新，是我的同事，加班就加班，有什么可叨逼叨的，说得好像谁没加过一样。

我没验证同事的这句话是否是在针对同行的话，但是，加班发个朋友圈吐槽，也无可厚非吧。

第二天，我把这件事说给一朋友听，朋友诧异地说，不对啊，你这个同行昨晚在三里屯的酒吧，和一群人开大趴，我亲眼看到他了。

他拿起手机点开微信，发现这位同行昨晚的朋友圈他看不到。

原来是使用了分组功能，朋友感叹，哎呦，这就真的是尴尬了。

明明是在酒吧喝酒，发了朋友圈说在加班，而且还选择了分组，发给了某些特定的用户，我作为他的同行，就是他的指定用户。

我觉得有点匪夷所思，那就不怕被其他人揭穿吗？毕竟共同好友那么多，大家又抬头不见低头见。

朋友啧啧了几声，一个人想要做件事，什么样的借口找不出来？去个酒吧也可以说是加班后的放松呗。

我想了想说，我总觉得哪儿怪怪的。

朋友说，怪就怪在，他让你们觉得他很努力。

我们所遇到的努力大多是这个样子的。

比如我曾经看到过一个学弟的微博，上面抱怨老师交代好的作业没有做完，熬夜学习实在很辛苦，抱怨时间不够用。可翻翻之前的微博，都是在逛街、吃饭、唱卡拉OK。

过了几天再去看他，又更新了说作业没有合格，埋怨老师怎么这么不通人情。明明是自己加班加点写好的功课，却得不到认同。

一开始我也替他抱不平，觉得老师苛刻，可联系上下文就会觉得学弟估计也是重度拖延症患者，最后的完成的作业不尽如人意。

我看到有人在他微博下评论，你要多用点心才可以啊，别总是出去玩儿。

学弟理直气壮地说，我没有不用心啊，我这是学习娱乐两不误。

还有一种情况是这样子，我大学的时候有一位女同学，每天看起来特别刻苦，上课时坐在前三排，选修课一节不落，晚自习不是在教室就是在图书馆，大家说，这么努力的姑娘，运气一定不会太差。

可是，每次考试她的成绩都是中下等，有时甚至会排在倒数，可是这么努力的人，为什么总是没有好的回报呢？

后来我才知道，她做的事情，都是一些无用功，有的题不会做，就跳过不去做，有的问题一知半解，也就不再搞清楚，光是用了时间花费在那些已经明白的事情上，却对疑惑不懂得解答。

空有一副努力的姿态，却把努力当作最后的救命稻草，或者用在其他的地方。

我们都在谈，你只是看起来很努力，假惺惺地觉得自己的付出没有回报，没有想过你的付出是否足够，或者没有努力到了点儿上。

上面的两种情况很常见，但还有一种才是我说的关键，问一个问题，努力这回事，能装么？

答案显而易见，能。

在各种运动APP开始兴起的时候，几乎公司的所有人都加入其中，既能强身健体，又可以和志同好友的朋友一起参与，靠着每天的跑步公里数进行排名，相互激励。

当抢占APP的封面和排名愈演愈烈的时候，同事W快速地下载了APP加入了进来，从那以后，他几乎每天都是占据第一名的位置。

看着他在朋友圈里不断晒着自己汗流浃背的样子，看着他在APP里每天保持着第一的名次，大家都是止不住的羡慕。

W真的是太牛了，每天跑20公里。你看W今天又是这么拼，我简直败了。太厉害了，这货简直不是人啊。太努力了，简直努力到可怕……

我也被他每天的朋友圈刷屏，说自己今天跑了多少公里，晒自己最近看了多少本书，分享自己又参与了多少活动看了多少展览。

我一边感叹他精力的旺盛一边觉得自愧不如，就连周一的例会上，领导都点名表扬说W最近工作生活都十分努力，值得全公司同事学习。

之后再某次聚餐中，我偷偷问W，你怎么能这么厉害，每天能做这么多的事情，尤其是跑步，到底是怎么做到每天20公里的？

他先是哈哈大笑了几声，然后掏出手机点开APP给我演示，原来他的APP是所谓的共享版，只要稍微晃动手机，里程数就会相应往上加。他得意洋洋地说这是他一个哥们儿做的，在圈子里特别走俏。

我惊讶地问，那你每天不是真实地跑步吗？他乐了，跑啊，只是跑不了那么多。

我又问，那争这个第一有什么用？他看我一眼，你傻啊，可以钓妹子。

他环顾一眼旁边的同事，悄悄地说，而且你看大家多佩服我。临了他还不停地嘱咐我，你千万别给我说出去哦，我是把你当朋友才告诉你的。

后来，当运动APP经过几次升级后，他就不再跑步了，说自己有了新的健身目标，不再掺和这种群体活动。

我默默地想，估计是APP没办法再作假了吧。

我觉得，拼命给自己打上努力标签的人，实际上是一个行动力的懒人，是虚荣心在作祟。

比如跑步，你真实跑了多少就是多少，拿着晃动手机带来的成绩，只能哄得了别人；比如看书，你真正看了几本就是几本，分享出去的也只能获得一个点赞；比如工作，你怎样完成的就是怎样，再怎么说用功都会体现在结果上。

这就意味着，你所有装出来的努力，最终都只能骗得了别人，骗不了自己。

最后的结果都会告诉你，假的就是假的，假的永远真不了。

但是，为什么知道这样，很多人都愿意说自己努力，甚至装努力呢？

虚荣心和功利心这种原因都是小事，一旦你把这种每天努力的状态提供给别人，别人就会为你的努力买单，以为你离着成功不远，而如果你最后没有预期的效果，就会抱怨和吐槽，这时别人就会说，没关系，你已经做得很好了。

更严重的是，当你装努力到一定程度后，你就会以为自己真的做到很好了，已经够完美，没有得到想要的都是别人的错，都是社会的责任，是不公平的待遇降临在自己的身上。

有人总问，我这么好，为什么还不成功？

我却想问，在你质疑世界为什么不让你成功的时候，扪心自问是否曾经欺骗了众人。

上帝的眼睛是雪亮的，它不会被你的努力蒙蔽，给你一个平白无故的成功。

哪怕暂时有了机会，但那也是你现在能力所达不到的，又何谈未来的所得呢？

那真正的努力是什么？

这里面有一个原则问题，就是看它是否是持续性和有绝对唯一目的性。

持续性是努力的一种发展状态，并不是在你的某段时日里像了失心疯一样玩命努力，而是你在任何时候，都有一种想要争取的决心和愿意付出的行动力。

目的性是你能够明确了解自己想要达到的目标，并且制定出了切实可行的计划，严格按照计划执行，不做无用功，不走回头路。

这里有一个关键点，是在于目标的现实性，如果你说我努力只是为了变成更好的自己，想必努力也会半途而废，因为我们终其一生都是为了这个看似虚无的目标，但如果你说我努力是为了能够让眼下的工作顺利完成，那么你的努力会更加的脚踏实地。

不说空话，不做虚事，有目标，有责任，有持续性，才是真正的努力。

曾经看过这样一句话：努力是你真的用尽全力去做一件事，而不是看起来用尽全力去做一件事。

现在我觉得应该补上一句，努力是你真的去为一件事付出，而不是假装付出只为博得别人的眼球。

更为重要的是，千万别总说自己努力，当你把努力形成了自己日常的行为准则后，就会把努力变成你的习惯。

那时，你就不觉得自己是在努力，只是你的生活常态。

所以，别再说自己努力了，那说不定只是你暂时的鸡血，甚至是假惺惺地伪装和自我安慰。

# { 人生从来没有固定的路线 }

第一次见到苏婉的时候,她正准备去一家广告公司入职。

苏婉大学毕业以后就去了一家大型国企,地处偏远的开发区,几乎与世隔绝。她的职位虽然是文员,每天进了办公室也要穿上灰蓝的制服。她谈过两次乏善可陈的恋爱,最后都不了了之。周围的同事大多成家立业,每天的谈资不是育儿经,就是给她介绍对象。

快到三十岁的时候,苏婉终于下定决心离开那个枯燥无趣的地方。她带上全部积蓄,来到了上海。三十,这是一个让许多人都恐惧不已的一个数字。三十岁意味着青春的彻底结束,人生逐渐稳定,开始丧失许多可能性。而苏婉却把这当作一个开始。

广告这行是典型的吃人不吐骨头,"女人当男人用,男人当畜生用"。看着苏婉一身纤纤弱骨,我好意劝说:"进这行老得很快的,女孩子要慎重考虑啊。"

苏婉回答得很坚定:"可我就是喜欢这种创意的工作啊。有挑战,有乐趣。"

不知是不是受到时尚电影的蛊惑,许多年轻人都以为广告这一行光鲜亮丽,充满了刺激的商战和帅哥美女。实际上,广告公司里最常见的是胡子拉碴的小伙子,T恤和人字拖。

我见过很多人挤破脑袋要进广告圈,最后又满身疲惫地爬出来。丝绒般的梦想碰到刀子般的现实,注定会被撕扯得破碎。许多人因此半途放弃,折羽而归。我想，苏婉或许也会如此。

初到上海，她便向各个大大小小的广告公司投简历。履历写得诚恳，却未必有人细读。面试的时候，他们劈头便问：

"你这个大学在哪儿啊？怎么没有听说过呢？毕业后在工厂待了五年，做的是资料整理……对我们来说，这份履历表还不如一张白纸。"

"现在的广告业竞争很激烈，公司里都是大学刚刚毕业的学生。很少有你这个岁数的新人。所以……"

好在这些年来，苏婉一直没有放弃写作。她的文章为她获得了不少面试机会。

最后，终于有一个HR肯松口："苏小姐，我们公司对文案的要求还是比较高的，没有相关的工作经验，肯定无法胜任。不过，以你的年纪，做实习生恐怕也不太合适吧？"

苏婉把握机会，直白地说："我可以从实习生做起。我不在乎职位、薪水，只想能进入贵公司学习做广告。"

那位HR显然也是阅尽世人，并没有被她的热血所打动，而是提出了一个实际的妥协办法："那好吧。我只能给你保证工资不低于上海市最低工资标准。三个月后，如果你做得好再转正。"

就这样，苏婉拿到了她在上海的第一份offer，工资连交房租也不够用。

公司不大，二十多个人，其中有一半是才毕业一两年的大学生。这样的小公司，在上海不计其数。苏婉被分配给一个资深文案打下手。公司里论资排辈，出于敬重，她称对方为"张姐"。其实张姐比她还要小一岁。

苏婉仿佛又回到了高中时期，她制定了一个计划表贴在墙上，安排好每天的行程和学习任务。一天结束的时候，她还要为当天的完成进度打分，进行自我检讨。

苏婉接触到的第一个项目是个房地产。刚入职那几个月，苏婉不是全公司最重要的人物，却是最忙的那一个。她每天到处搜集资料，分析全城同类型的广告案，去工程地考察情况，和客户进行沟通，从三个不同的角度为一个项目想五十句广告词，把各种各样的数据和文字做成表格，做成PPT……

当她被一堆资料压得透不过气的时候，还有稚嫩的前辈向她卖萌："姐，我晚上有约会，帮我做个表格呗。他们都说你是excel高手，一定很快就能搞定！"

这些有理无理的要求，苏婉都欣然接纳。

苏婉从办公室出来的时候，往往已经是深夜。霓虹闪烁，远远近近，衬得这座城更加广阔，似乎隔山隔水，万里迢迢。她猛地一呼吸，露气湿润，夹杂着不知名花草的香气。她喜欢这座城市，大到无需隐姓埋名，也能毫不畏惧地做自己，肆无忌惮地做白日梦。

张姐对苏婉有些严苛，却待她不薄。项目结束的时候，主动对老板说："苏婉挺适合做文案的，很有灵气，一点就通。不用我带了。"

就这样，苏婉正式成为一个广告文案。

有一段时间，全公司没日没夜的加班，却没有奖金可拿，同事们怨声连连，你推我让，没有一个人愿意站出来和老板谈谈。

苏婉默默地走出了格子间，敲响了老板办公室的门。她据理力争，说明同事们的努力和不易。老板居然被她说服，不仅给同事们补了奖金，并且主动要给她升职加薪。

老板认为她够果断，有说服力，微笑地说："刚好最近行政位置空缺，你去做行政吧，工资上调三分之一。"

面对如此诱惑，苏婉却立刻拒绝了。她对自己的目标很坚定，来上海就是为了做一个厉害的文案。要是转去行政部门，跟从前还有什么两样？

没过几个月，苏婉跳槽了。

我十分惊讶："你不是才涨了薪水么，为何要辞职？"

她用吸管戳着玻璃杯子里的柠檬，百无聊赖地说："老板太固执，只肯接同类型的项目。他是赚得盆满钵满了，可我还有很多东西要学啊。"

就这样，苏婉在三年时间里换了四家公司，每次都是因为公司无法满足她的求知欲了。初至上海，她是荒海求生，抓到一根浮木便立即抱住不放。如今她已经练成一身本领，游刃有余，可以从容地选择登上哪个岛屿了。

换工作这件事，好像磨砺出了她的锋刃。苏婉已然不再是从前那个沉默寡言的女孩了。她变得果敢，强势，像一个随时待命的女战士。

我问她："究竟是什么会让一个人有如此翻天覆地的变化？"

她说："大概越过了小心翼翼的防线，就会变得大胆，不再如履薄冰了吧。"

在能力不断上升的同时，她的野心也在与日俱增。有一天，苏婉正式对我说："我要给4A公司投简历。"

然而，摆在她面前的依旧是种种不切实际。没有一流大学的文凭，年龄上也毫无优势，甚至连英文水平也是一片白纸，走在街上和老外说句话也磕磕绊绊，吐不成句。不过我知道，当她宣布要去做一件事情的时候，一定已经做好了一半的准备。

果然，苏婉两个月前就已经参加英语补习班，还请了个一对一的英文教练帮忙练习口语。

有人给她泼冷水："学语言要趁早，你现在太迟了，连单词都记不住。"

苏婉伶牙俐齿地反驳道："那又如何？三年多以前，我站在人群里连中文都不敢说呢。现在不也可以了？"

那人被噎得哑口无言。在这种执行力超强的行动者面前，所有质疑都是徒劳，所有玩笑都显得刻薄。

半年多以后，苏婉过五关斩六将，拿到了一家著名4A公司的offer。一切都在她的掌控之中。目标明确的人会比别人走得更快。他们是一心一意在自己的星系里运行的星星，只顾发光发亮，永远不会偏离自己的轨道。

美国人常说，"Forty is new thirty."也就是说，在现代社会，四十岁依旧年轻，一样充满了活力和各种可能性。而在中国，人们对年龄依旧忌讳颇深。一旦步入三十岁的界限，便如临大敌。这本身何尝不是一件可悲的事情？

我们这一代人太擅长怀旧，十几岁时开始呻吟衰老，二十出头便自诩沧桑，早就养成了一副少年老成的派头。进入社会以后，被上司、工作、客户逐渐磨掉了所有脾性，因此更觉得丧气。

仔细一想，那些笼罩在年龄上的阴影不正是我们自己加上去的吗？人生从来没有固定的路线。决定你能够走多远的，并不是年龄，而是你的努力程度。无论到了什么时候，只要你还有心情对着糟糕的生活挥拳宣战，都不算太晚。

# {不妨让父母去看看这个大世界}

[孩子送出门，修行在个人]

一个邻居，今天从硝烟滚滚的北京，飞到了一年只来一次的大理，从她打拼四十多年的家，来到了她买来打算养老的家。

去机场接她回家的路上，一看到蓝到发狂的天，她便心情大好地问我："小轨，十一你去哪儿玩呀？"

我说："哪儿也不去，就待在大理啊。"

她"哦"了一声说，华子（她儿子）也哪儿也不去，就待在马来西亚，他正在努力攒钱，争取今年内请我和他爸去马来亚西去玩一趟。

我一惊，说："姐，以你和大哥的经济实力，去遨游个世界也不成问题啊，还用华子费这个牛劲？"

她哈哈大笑，给我讲了个故事。

华子7岁的时候，华子爸爸在地方银行做小职员，她在市里的小事业单位上班，10公里的异地恋，一个周见一次面。

华子爸爸不在家的时候，她带着华子吃咸菜馒头，华子爸爸回家的时候才舍得炒菜。

有一天，她看到瘦瘦的儿子在狼吞虎咽地啃馒头，突然鼻头一酸，就哭了。华子在一旁急坏了，赶紧问妈妈怎么了，她掩面，说："妈妈难过，咱家穷得连馒头都吃不饱。"

第二天，华子放学后兴冲冲地把一大把零钱塞到她手里，说："妈妈，快拿着买馒头去吧。"

她一惊，问儿子哪来的钱。

儿子开心地说："我跟其他小朋友玩的时候，发现了一个收废品的大地方，比妈妈平常卖给小区门口大爷收的价格贵好多呢，我借了个三轮车，把咱家的废品拉到那个大地方去多卖了好些钱。"

她说，那个时候，华子的腿够不着三轮车脚蹬子，所以一路晃晃悠悠地扶着车把，硬是走着把三轮车推到了废品收购站。

十几年后，她成了标准的中产，有别墅有豪车，有做高管的老公，有在国外留学的儿子。

家风依然是想要孝顺，先自食其力养活好自己。

三个月前，我见过一次华子，当时他正举着锤子在院子里敲敲打打，说要给爸妈做一个喝茶的木墩子，看见我来了礼貌问好，中午在他家吃饭，他在厨房里跑来跑去地帮忙，上菜的时候要我坐着不要动，自己却在厨房和饭桌之间来来回回地跑，吃完饭后一个人蹲在家门口修理自行车，两手黑油，额头的汗珠在阳光下发光。

很多人小时候都经历过贫穷的童年。

有人长大后毫无戾气，一生努力都在希望让父母去看看外边更好的世界；有人长大了不愿意回家，把自己的自卑与一事无成都归咎于父母太穷。

有人因为穷，学会了如何尊重父辈如何表达爱；有人因为穷，一直都在混吃等死、四处宣扬读书无用论的悲哀。

孩子送出门，修行在个人。

[ 他们跟不上潮流，他们学不会享福，

还要被他们养育起来的这一代人笑话 ]

前段时间回家，在机场排队安检。

看到一个老人背着一个大包袱急吼吼地往前挤，一不小心蹭到了身后一个衣着讲究的年轻人。

年轻人当即扭过身子，上下打量了一眼这个老人，不屑地白了他一眼，捭了捭衬衫，高声说："这位大爷，你这是第一次坐飞机吗？挤什么挤？你以为是坐火车买了站票得抢座吗？"

老人脸一红，显然是听明白了，但是他又不会说普通话，只好用家乡话急忙解释并道歉。

年轻人显然听不懂，但是一听这满口方言就"噗嗤"一声笑了出来，周围不少不明就里的人也跟着笑了起来，老人尴尬地从队伍里默默退出来。

我听得出来老人的临沂口音，于是喊他站在我前边，跟他聊了会儿。

他说，这确实是他第一次坐飞机。

孙子刚考了云南这边的一个大学，他父母做生意顾不上送，孩子没出过远门，所以也只能他帮着扛东西来送。

他之所以往前挤，是因为孙子嫌弃他穿得土，所以让他跟他分两队站，为了离他远点儿，看到孙子先进去了，他害怕跟孙子走散了，所以不得不跟紧。

如果不是送孙子上大学，他可能这辈子都"不配"坐一次飞机。

这就是我们的父辈。

他们一生受穷，一生努力，即便用尽全力也只是养活了几个孩子，无法给儿女们拿得出手的富贵荣华。

到老了，稀里糊涂就被一个声色犬马的时代拽到了全新的时空。

在家只能靠在土坯墙上晒太阳，出门会背着招人嫌弃的大包袱，走到哪儿都害怕自己的不入流会给孩子丢人，儿女宴客的时候不敢随意说话。

他们跟不上潮流，他们学不会享福，还要被他们养育起来的这一代人笑话。

[ 父母眼里的全世界，就是儿女欢笑，全家团圆 ]

今年年初，给我妈换了手机，她把我骂了一顿，说我瞎花钱，因为她觉得智能手机太难学，不如老年机好用。

我说："我可以教你用新手机微信聊天。"

她问我："学会这个有什么用？"

我说："用这个发语音不用花电话费，你还可以看到我平常在忙些什么。"

她说："那这个还挺好。"

于是，我教会了连拼音都不会的她学会了微信。

她只会发语音。

在一个雷雨交加的夜晚，我熬夜码字，突然收到了她的第一条语音，听完短短的5秒语音，却让我在望向洱海上空万家灯火处时哭得泣不成声。

她用极不自然的语调颤抖着说："闺女，妈想你。"

这些年，我几乎踏遍了整个中国，天南海北，四处飘荡。

看过沙漠上空的狂风暴雨，看过千疮百孔的悬崖孔洞，看过花开时节的冰凌，还在绝壁丛生中祈祷过天下太平、五谷丰登。

我妈今年60岁，我爸65岁，他们去过最远的地方，是山东到北京。

父辈这一代，住酒店会问十遍价格后心疼，景点买瓶水嫌小商贩太坑，腿不好还不让打车非要步行，吃饭的地方选得高档一点就吓得腿都迈不动。

兵荒马乱地回来之后，还要告诉你，以后再也不出去了，哪儿好也不如家里好。

他们一辈子困在半亩方田间，物质不富足，精神很空虚。

他们见过的东西不多，也没有什么像样的爱好，闲下来只能反反复复地想我们。

父母这一代，普遍患上了贫穷后遗症，他们没见过外边的天，也不认为自己有必要去看看。

父母眼里的全世界，就是儿女欢笑，全家团圆。

[ 世界这么大，我们的父母真的应该去看看 ]

两代人之间，不可避免地存在着观念冲突与意愿违背。对同一件事情因理解所产生分歧，饭桌上一讨论就是一个死结。他们觉得我们不懂事，我们觉得他们不讲理，这是一道千古较劲题。

但是，理解分歧不能成为我们不去关心他们的理由。

他们可以说不需要我们为他们做什么，但不代表我们就真的什么也不用为他们做。

早晚有一天，他们老态初显；早晚有一天，他们不能靠自己的腿脚走出门口去看一眼窗外云烟；早晚有一天，子欲养而亲不待。

父母不会玩儿，我们可以带着他们玩，他们跟不上时代，我们可以带着他们去看一看渔舟唱晚。

人一旦被时代抛弃，就会感到无尽的孤独与悲凉。

你不肯回头关心父母，他们就会活成一座逐渐下沉的孤岛。

世界这么大，我们的父母真的应该去看看。

# { 不要成为烂施好意的人 }

前段时间夏天跟我说,我身边出现了一个怪现象。

我很好奇,以为是她看见外星人,或是遇上蜘蛛侠,再或者是碰上大水怪。

当我脑补了许多精彩画面后,她有点忧伤地告诉我,室友之间的气氛很古怪。

她的室友小A非常努力,为了自己能有更好的未来总是早出晚归,辛苦奔波。但室友小B却恰恰相反,她更喜欢呆在寝室看看韩剧,过过自己的小日子,也觉得无比幸福快乐。

但是小A看不得小B那么堕落自己,觉得那样的生活没有出息,于是便开始痛心疾首地批判。

小B自然是很不开心,两个人虽然没有争论,但把寝室里的人都弄的很不爽快。

夏天说,虽然知道小A是出于好意,但她也不喜欢这样的感觉。每个人都有自己适合的生活方式,也许你想要的优秀,别人不一定想要。

如果把你认为是正确的价值观,硬生生套在和你价值观相左的人身上,一定会出现不融合的现象。有时就算是出于好意,也会弄巧成拙。

更何况,真正的好意,不是硬生生的指责和批判,而是在她有需要的时候帮助她。

也许有一天小B会突然想要努力拼搏,那么小A就可以把自己的经验分享给她，帮她占座位，带她一起学习。

而不是逞一时的英雄，当所有人的楷模。

其实小A和当年的我很像，而处在小B角色中的那个人却是我多年的闺蜜孟瑶。

大学时孟瑶读的是国内外联合培养的国际金融专业，班级里大多数人只要语言成绩通过，大二申请就可以出国交流。

大一那年寒假，她为了准备雅思考试，连我们的闺蜜聚会也没参加。

我一直以为她会去欧洲，去看看更广阔的世界，去享受不一样的生活姿态，认识更多的人。可是她最后却放弃了。

听到这个消息，我立马就从图书馆跑出来拨通了她的电话。

我说，你怎么就放弃了？你语言考试都过了，就只差写一些申请材料，处理一些杂事就可以了，再说你们班一半的人都出去了，那么好的机会，你到底在犹豫什么？

她在电话那头沉默了很久，而我继续不停地找出理由说服她。

我已经记不清她回了哪些话，可我却记得她最后说的那些话：小墨，我问了刚交流回来的师姐，国外的生活没有想象中那么好。我不是你，为了看到不一样的生活愿意吃苦耐劳，我就只想简单快乐地读完大学，然后找份工作，嫁人生子。

还有，我从来没有说过出国读书是我的梦想，那是你的。

那时昆明的五月还很凉，我就站在空旷的红土高坡上，穿着一身单衣在寒风里瑟瑟发抖。

气氛有点尴尬。我放低声音说，我也是为你好，不希望你未来会后悔。

因为是多年好友，就算说了一些刺痛人心的话，也会很快柔和过去。

她说，我知道你是为我好，但我也谨慎考虑过了，我这个人没有什么理想,也不想自己那么辛苦,我就想过舒坦的日子,一想到出国之后要想家,还要适应环境,还是觉得不适合我。

其实孟瑶一直是我们几个女孩中最温和的人,她喜欢简单的生活,不喜欢冒险,也很害怕孤单。

但这样的女孩,也很清楚自己想要什么样的生活,然后懂得取舍去实现这样的生活状态。

就好比现在,孟瑶毕业后回了老家,在一家银行工作,相亲认识了她此生挚爱,明年元旦我就要当伴娘参加她的婚礼,而前段时间刚听她说,我可能要当干妈了。

一切都来得不能再好,曾经我眼里的错失机会也没有让她错失幸福。

因为每个人都是独立的个体,而每个人都有自己独特的生活方式让幸福降临。有时我眼中的机会和拼搏,不一定是她所需要的,她自有方法去释放她的精彩。

而我所需要做的是,在她孤单难过的时候陪伴她,在她失意落寞的时候鼓励她,在她幸福快乐的时候祝福她。

这才是真正的好意。

不知道你有没有发现一个怪现象:身边的人如果想要劝你做一件事,他的开场白一定是"你听我说,我是为你好,你要怎么怎么……"

但很多时候,他这样说可能并没有完全站在你的角度去想,而是一股脑儿把自己的三观套在你头上,恨不得把你直接变成另一个他,又或者,变成当初他不能成为的人。

昨天羽儿打电话给我,跟我抱怨她妈妈又催她找男友。

这真是我们这个年纪的忧伤,也是那些曾经被夸过的乖孩子难以言说的苦楚。

我很赞同韩寒说的那句：中国的特殊情况是，很多家长不允许学生谈恋爱，甚至在大学都有很多家长反对恋爱，但等到大学一毕业，所有家长都希望马上从天上掉下来一个各方面都很优秀而且最好有一套房子的人和自己的儿女恋爱，而且要结婚。

想的很美啊。

我跟羽儿说，她怎么当初你大一的时候还劝你要好好读书，你毕业才一年，刚要为了生存打拼，她却劝你别那么努力，别那么辛苦，别那么要强，嫁个男人依靠才是根本。

到头来，还是她自己的观点，却没问一声，囡囡，你想要什么？

其实我知道羽儿想要什么。

她曾经是人人口中称赞的好姑娘，乖孩子，以前刻苦读书，是村子里唯一的女大学生，现在努力工作，经常回家看望母亲。

让我印象深刻的是，她曾经因为没有考上教师编制，就被村子里的人说长道短，人情凉薄，却也让她坚定自己的想法去大城市闯荡。

她不是不想谈恋爱，而是当曾经强迫她不谈恋爱，和男生交谈就会被认为是早恋的这个社会舆论一下子对她开放时，她有点惊慌失措。

她说，除了高中诗社里的那两个男生，我没有什么异性朋友。我听了我妈的话去相亲，可是这种方式让我很厌恶，我甚至开始厌恶起自己的无能。

她说，我不排斥恋爱，可我排斥太有目的性的婚姻恋爱。

她还说，我知道我妈是出于好意，希望能有个人照顾我，而我在脆弱的时候也会有这种想法。但是，我真的不能强迫自己随便找个人嫁了，我不想让自己变成传承后代的工具。

我听到电话那头她的声音有些哽咽，心绪也开始不宁起来。

我一直很不明白的是，为什么同样是独立的生命个体，却偏要把自己认为好的东西也要别人认为是好的呢？

为什么我们总想把自己实现不了的好东西，强迫别人去实现呢？

为什么我们身边总是有那么多人喜欢打着"为你好"的幌子，却不顾你真正想要的东西呢？

也许是想凸显自己的特别，希望自己能成为别人的榜样。

也许正因为自己实现不了，如果你爱的人实现了，那也算是有个盼头，能把成功意淫在自己头上，爽一把。

又或者，也许你只是想把原本自己承担的舆论责任交托给另一个人身上，你总算是完成了这一生的使命。

可这女人一定得嫁人结婚生子的使命到底是谁赋予的？你有没有问问自己。

我没问，也无从追溯答案。

我只知道的是，虽然所有的好意都值得被感谢，但并不是所有的好意都值得被接受。当好意来临的时候，先问问自己，你需不需要。

如果需要，请感恩，如果不需要，请勇敢的拒绝。

也希望未来的我不要成为烂施好意的人。

第四章

人生不妨再
大胆一点点

## { 不妨跳起来，触摸下人生的高度 }

在大理沙溪古镇旅行的时候，我有幸跟一位客栈老板游走了一圈整个古城的山里山外，客栈老板指着远处的山告诉我，说山上有一座小学，附近的孩子都会到这里上学，有一次他试着自己一个人走到山上的学校，前后花了快四个小时，到达目的地的时候，山上的老师告诉客栈老板，这附近的孩子每天从家里过来，走上四五个小时的山路，然后才能到达学校，日复一日，风雨无阻。

客栈老板跟着学生上了一天的课，教室里就一个乡村教师，分为低中高三个年级，老师上课的时候，另外两个年级的孩子就自己看书复习。

中午吃饭的时候，老师拿出了一小块豆腐，给客栈老板加菜，说这是山上唯一能用来招待客人的食物了，然后主食就是土豆，挖一个坑，把土豆放进去，盖上土，上面烧一把火，不一会儿土豆就烤熟了。

客栈老板吃的津津有味，旁边的孩子却一直盯着他手里的那几块豆腐，于是客栈老板就把豆腐都递给了孩子们。

古镇山上的紫外线很足，本地的村民从小孩到老人，都是一脸的高原红外加皱巴巴的皮肤，客栈老板问老师，说这些孩子到初中了，是不是就该去山下的学校了啊？

老师回答说是的，只是他们要比现在走更远的山路，基本上要一天的行程，才能到达镇上的学校了。

去年的这个时候，北京有媒体去这个山上的学校采访，然后邀请这些孩子去大理州城参加六一文艺汇报演出，但是问题就来了，孩子们没有演出的服装，这个客栈老板知道后，就跟自己的几个朋友商量，然后凑钱给每个孩子做了一套新衣服。

孩子们拿到新衣服的时候，就像过年那般开心，但是一群孩子中有个男孩默不出声，有些忧愁，于是客栈老板问他怎么了，男孩回答说，我很怕自己长得太快了，这套新衣服穿不了多久的时间，我以前很希望自己快快长大，这一刻我却希望自己可以长得慢一点，这样这身新衣服我就可以穿上好几年了。

当客栈老板把这个细节告诉我的时候，我正在跟他坐在客栈的大厅里喝茶，我看见坐在我对面的这个年过四十的男人第一次哽咽，声音开始沙哑起来。

这个客栈老板是个北方人，在北京有很好的事业，跟很多人的旅行故事一样，去年他到沙溪这个地方旅行，于是喜欢上了这个地方，已经财务自由的他于是就在这开了一家客栈，但是又跟很多其他的客栈老板不一样的是，这个老板每天都会去跟本地的白族人聊天，了解这里的历史故事和人文风情，也是这样后来才慢慢知道山上那座小学的孩子们的故事。

其实这样的故事我听过很多，以前小时候我们会跟农村的孩子结成一对一学习伙伴，然后老师会带我们到农村的小学去参观，告诉我们，你看看他们一边在家干农活一边努力学习，你们应该好好珍惜自己的幸福才是。

到了长大一些的时候，看到新闻报道里有关于一些边远山区的学校的报道，每次这个时候我爸妈也在我面前念叨着，说你看看他们这么艰苦的条件还在求学，你自己的条件不知道比他们要好多少了。

大学的时候，我跟随学校记者团的一次活动，到了武汉周边一个农村去采访一批孩子，另外带了很多学习用品跟礼物过去，我一开始以为自己要写出一篇非常感动自己的文章，比如要歌颂这些条件艰苦的孩子们积极向上一类的状态，结果我发现我错了。

这些孩子们很是热情，带我们到他们家吃自己家里种的新鲜蔬菜，我们的到来让一部分男孩特别兴奋，于是一直爬到树上摘各种水果给我们吃，女孩子拿着新的文具开始画画跟折千纸鹤，那些我所期待看到的，他们眼里的那种对自己生活艰难表现出来的坚强的对比，根本就没有，在他们眼里，就只有这一刻当下的愉悦跟满足，过后他们继续上课，放学了继续回家里干农活，仅此而已。

那个时候的我自以为自己很幸福，我也害怕自己的幸福会给这些孩子造成失落或者是自卑，于是我很生硬的让自己变得文静一些，低调一些，结果这一次的经历告诉我的，在他们的世界里，根本就没有所谓的「你更好我很差」的世界观，在他们眼里，下河抓鱼是快乐，上课读书也是快乐，雨天里光着脚丫从田地里踩着一路泥巴回家也是一种快乐。

或许这些天真的画面，是如今长大的我们或者是在大城市里的人们很是羡慕的，但是就像那位客栈老板说的，我们作为一个外人，走几次山路觉得是一种生活体验，吃几顿烤土豆觉得是野外美味，可是对于这些孩子而言，这就是他们每一天真真实实的生活方式，如果让你在这里经历这样的人生，你愿意吗？

这一刻我脑里的台词就是，他说的好有道理，我竟无言以对。

回到我自己身上，我也是一个从小镇上一点点来到大都市的孩子，大城市的快节奏总是会在各种细节上颠覆你的价值观，很多你以为不可理喻的事情在这里都变得理所当然，很多你从来没有见识过的大冲击都在这里上演，无论是好还是不好的一面，于是很多跟我一样从小地方来的人，就会深刻的明白，我们肯定没有办法，像在这个城市里土生土长的孩子一般，他们可以淡然一些，可以不慌不忙一些。

我的前同事K小姐有一天跟我抱怨，说她隔壁的那个刚毕业出来才上班几个月的男孩又唠叨着这个月要去香港买新的苹果手机了，要知道，我可是到了工作第二年了也才舍得把自己原来那个破山寨手机换掉，为什么他就这么舍得花钱呢？

我回答说，不是他舍得花钱，而是他本来就是深圳出生长大的孩子，毕业出来工作了也是在跟父母住在一起管吃喝拉撒，我们一个月到手的几千块钱薪水要掰成十几个项目去用，而他那几千块薪水其实就是他的零花钱啊！

K小姐托着下巴皱着眉头说了一句，哎，怎么可以这么不公平呢？我以前总觉得只要努力就一定能过上好日子，但是这些年下来用钱还是战战兢兢的，但是他们就能大手大脚不需要操心后果呢？

这一刻我想起了我很久以前思考过的那个问题，此时此刻的我相比这些出身于大城市成长的孩子，亦如当年那些农村上学校的孩子看待我的样子，一切都没变，我只是从自认为会被人羡慕，然后变成了羡慕别人的人儿。

以前看励志故事的时候总告诉我们，你今天必须做别人不愿做的事，好让你明天可以拥有别人不能拥有的东西，但是如今的生活真相是，很多人在一开始就有了你所不拥有的东西，等你努力一些的时候，他们也在进步，于是你觉得永远也赶不上他们是不？

对，以前较真的我，狭隘的我，想不开的我，一想到这个逻辑，瞬间就不想努力了，因为发现自己当下这一刻的尽心尽力，可能别人不费吹灰之力就可以得到了，那我的全力以赴有什么意义呢？

这个观点的改变，是有一次我听到了一个故事。

有个男生是浙江某个市委书记的儿子，17岁那一年他决定退学，要去开始探索世界，那时候全家人都疯了，父亲要断绝他的经济来源，母亲喊着要断绝母子关系，可就是这样，也没有阻挠他要出走的决心。

如果你觉得这是一个富家子弟任性出走游玩的故事，那可能结局就很无聊了，这个男生开始背着背包，自己一路打工住青旅，走遍了中国很多的边远山村，然后自己想办法买器材拍摄纪录片，后来他的这一部纪录片拿到了一个国家级的奖项，这一年，他刚好19岁。

可是即使这样了，他的家人还是没有跟他和解，作为浙江有头有脸的一户官场人家的公子哥，他就是选择了要走上这样一条艰难的路，后来他告诉身边的朋友，说他很小的时候就喜欢看佛家礼仪的一些书了，只是家里不知道，等到17岁那一年自己决定休学的时候，家里人觉得是晴天霹雳，但是对他自己而言却是一件很顺其自然的事情。

这个故事的主人公今年23岁，我不认识他，我只是在大理客栈的老板口中听到这个故事，因为这个男生也来到了这家客栈住宿，就住在我隔壁的那个房间里。

于是那一天晚上我自己开始想明白了一件事情，我们这一生，我们总比自己以为的要自由得多，这种自由于是造就了那些农村的孩子慢慢走出大山，这种自由造就了我从小城镇走进大都市，这种自由更早就了这个早慧的男生去找寻人生的另外一层意义。

你有没有发现，人总是不满足自己当下的境况的，当我的同事K小姐在羡慕深圳本地长大的那个大男孩的时候，那个大男孩却又希望自己明年能去出国走一圈，就像很多人走遍全中国以后又期待着能环游世界。

以前我总觉得这是人类贪心的一种表现，因为无止境的欲望，所以总是想要的更多，但是后来我发现其实这才是人类进步的本源所在，当然前提是你能明白，这个你所要跳起来尝试一下的高度，就是你想要的那一种状态，最宽泛的表达就是，我们期待着有了牛奶面包以后再去想要更好层次的追求，最简单的表述就是，我希望自己能慢慢从一个单纯在书上阅读了解到这个世界，再去慢慢接触书中描写的那个真实的世界，你们说埃及很好玩那我想去一遭，你们说薄荷岛很美我也想去感受一下那里的海水，仅此而已。

我们所期待的，永远都比我们拥有的更多，但是跟以前不同的是，我已经开始学会享受当下所拥有的一切美好带来的惊喜与感动，然后一边编织着未来更美的人生蓝图，要知道我以前是一个连畅想也不敢的人，因为我身边总有人告诉我你已经不是孩子了，又有人告诉我你不是少女了，还有人告诉我，人各有命，习惯就好。

后来我的闺蜜点醒了我，你怎么就特么爱听别人的话呢！即使我们知道此刻这个世上总有人处于战争处于贫穷处于干旱，话说前几天的新闻里印度马路上的油被晒融化了，热死了好多人，还有每天各种各样的天灾人祸消息，难道你就觉得这就没有努力的必要了吗？

然后我想起那个北京客栈老板跟我说的一个细节，他到沙溪山上的时候，想摘几个树上的野果吃，但是树木太高了他也不会爬，于是他给了旁边几个孩子一些大白兔奶糖，于是孩子们噌噌噌猴子一般爬上树就把果子给摘下来了。

客栈老板告诉我，你说很多年后，这些孩子想起自己当年为了一颗奶糖爬树摘果，这个时候他们已经长大成人独立生活，他们会因为当年自己这么一颗糖就能被收买满足的心而感到耻辱跟不屑吗？不会，因为在当下那一刻，这些孩子们已经通过自己的努力，比周围的孩子用力跳了一把，够到了那一颗珍贵的奶糖，这也将会是他童年里最美好的记忆之一。

我默默点头。

我最喜欢的一句箴言，就是罗曼·罗兰说的那一句真相论：世界上只有一种英雄主义，就是看清生活的真相之后，依然热爱生活。

很多人一次次的问我这句话的意义是什么，我一直答不上来，后来混知乎的时候遇上了牛人大师兄朱炫的回答，他说生活没有什么唯一的真相，如果说非要下一个定论，那所谓生活的真相，一定是让你我过上不同的人生，填满这个原本百无聊赖的世界。

其实我觉得，于你于我而言，我们都明白生活的真相，我们知道这个世界有人生来就拥有很多，而有些人一切无所有；我们知道有时间的时候没钱，有钱的时候没有时间；我们知道有些男人愿意给你买名牌但是不一定会娶你，就像左小祖咒给女儿的信里写的那样，"宝贝你要明白，天底下男人最爱的女人是女儿，所以不要指望你的男人像老爸那样无条件爱你"。

我们也知道需要努力才能换来好的生活，我们更知道不是所有的付出都是一定会有回报的；我们明白这世上有人好运到一见钟情，也有人却寻觅很久都没有遇上对的人；我们知道父母终有一天会老去会远去；我们也知道跟谁结婚都避免不了家长里短的吵闹；我们更知道职场上能有多狗血，我们就能有多强大。

其实我们比自己以为的要懂事多了，只是我们不愿意去承认罢了。

我们发誓着一定要在多少岁以前成就自己，我们纠结着为什么明明相爱的两个人最终走不到一起？我们遇上不如意的领导就总是抱怨自己是不是入错了行？我们就是不愿意跟生活握手言和。

我有个前同事每天跟自己的女朋友发誓说一定要让你过上好日子，但是六年下来了，他依旧还是在这个部门这个岗位上当一个老好人，其实想想一个女生真的需要你每天发誓说什么吗？她最想看到的，不过是你下个月能不能换一个岗位，或者换一份工作，她只需要你行动起来去做就好，哪怕你现在依然是一无所有。

看电影《推拿》里说，对面走过来一个人，撞上了叫做爱情；对面开过来一辆车，撞上了叫做车祸，可惜车与车总是撞，人与人却总是让。

很多时候，我们对自己的认识而言，又何尝不是一让再让呢？分析自己是一件很痛苦的事情，但是一旦你开始尝试了，即使这条路上你依旧遇上不如意的地方，但是你知道这就是生活本来的模样，你只需要顺应它，然后让生活更好的为你自己所掌控，这就好了。

可惜的是，大部分人在还没认清生活真相这件事情的时候，就已经开始把那扇门关上而不愿意剖析自己了，所以我一直觉得，那些还在山脚的人，是没有资格去评判山顶的风光美不美的，于我而言，我更喜欢听那个从山顶下来的人，告诉我那里的风景值得我努力爬上去看一眼。

或许这也是我喜欢跟有故事的人聊天的原因吧，他们的经历已经写在了他们人生的厚度上了，他们不需要跟别人告知，因为我可以感觉得到。

总有人问我怎么处理好生活中的各种问题，我说我哪里有资格说出个一二三四，一个人过得好与不好在于自己，不在于别人，更何况就这变幻莫测的一生而言，赢的方式有千万种，而输的理由有时候一个就够了。

但是即使这样，我还是觉得，那些能把生活过的通透的人儿，肯定要比别人更能理解到生活的真相，只是他们学会了认清过后继续认真对待自己，也认真对待别人，就在这虚实之间，他们于是不慌不忙的就把自己过好了。

就像村上春树先生说的那一句，世界上有什么不会失去的东西吗？我相信有，你最好也相信。

嗯，你若安好，生活就没有晴天霹雳。

## 你不认怂，世界都给你让步

曾认识一个美丽的外教老师，临走前，我对她说：改天再约。

她笑了：改天是哪天？你们中国人说的改天，往往就没有下文了。我们说的改天，真的会说好哪一天再约。

不知道为什么，在人生的很多时刻，都会想起她的这句话。

在这个每天要处理越来越多信息的时代，每天一睁眼，手机上就跳出几百条微信。

貌似我们的朋友交际，比父母那辈人要丰富的多了，可是真正信守承诺的人，还有多少？真正不习惯性敷衍的人，还有多少？

很多人留言问我，我这么内向，我这么不善言辞，怎么才能交到朋友？我其实是很内向的人，对于表达自我有先天障碍，不善于自我营销，更不善于让人一眼就喜欢上你。我交朋友，真的就是用很笨的方法。

什么是很笨的方法？就是言必行，行必果。

多年前，我有一个女同事，夏天，她几乎每天都穿旗袍。很多同事都好奇，这么好看的衣服，你在哪买的。

她说认识一个上海老裁缝，每个月都要去那里订做。于是，很多人都约她一起去订做。

到了那一天，只有我一个人去了。她带着我选布料，量身定做了两身旗袍。

这个决定其实是很难的，花掉了我三分之一的工资。而且在这之前，我几乎只穿牛仔裤，完全不能确定自己是不是合适穿旗袍。而那两件旗袍，让我从此完全改观自己的审美，我觉得自己真的赚到了。

这么多年过去了，这两件旗袍已不合身，但每次看到它们，一股爱自己的能量就会在心里涌动。

很多人常常心头一热答应对方，但一到真正去做的时候，她们就怂了，找各种理由，让自己去放弃，让自己失信他人。

看起来这种失信的成本极低，并没有对自己造成太大的损害。但其实，这种习惯性失信对人生造成的损失，真的是不可估量。

人有时候，就是通过遵守承诺，来逼自己去突破自己，去打破自己的舒适区。

我第一次去登雪山，是源于几个朋友约好了一起，于是拼命鼓动我。借着那点欢乐的气氛，毫不犹豫就答应了。回去后，越想越忐忑。

这种纠结恐慌的心情，一直延续到了出发前，只是实在不好意思跟大家说不去。机票也订了，酒店也订了，热心的朋友甚至连装备都帮我准备好了。咬咬牙，就去了。

后来，没有足够体力和技术的我，当然没有登顶，可是那段经历，我会永远记得。

人生只要有一次突破和逾越，你就会借助那一次的勇气，在下一次胆怯的时候说服自己：难道这件事比在缺氧条件下登山还难吗？这你都去做了，这个你还怕什么。

我相信，上天确实对某些人是心存偏爱的，守信的人比起失信的人，更能受到偏爱。

有一次下雪，朋友们早约好了这一天喝茶。想到这么冷，约的地方也很远，纠结是不是不去算了。咬咬牙，人要守信，于是就去了。

结果，在那天认识了一个朋友。因为这个朋友，和另一个朋友结缘，这个人就是我现在的亲生闺蜜，仓央贝玛老师。

很多人羡慕我和闺蜜之间的情谊。

我想说，这都是我们彼此，一次次拿守信换来的情比金坚。答应的就要去做，承诺的就去遵守，实在做不到的，也坦然告知，而不是躲躲藏藏，假装不存在失信，甚至为了逃避干脆消失。

在这样一个太多人和事都易逝的年代，太多人都习惯了敷衍。为什么要坚持做这样一个看起来很傻的人，因为你是这样认真的人，反而就真的会试炼出那些一认真就怂的人。

因为你是这样傻傻认真的人，所以，你就成了那个不可被替代的人，你才是那个可以被托付更多用心和诚意的人。

是的，这样活着不轻松，很累。可是，人不就是这样把自己逼出来的吗？如果一个人时时都和自己认怂、和自己妥协，对方也会知道：他在你这里，失信的成本很低。

就是这样，开始辛苦，慢慢却会活得越来越轻松，因为身边都是很靠谱的人。

我答应你的事，我会努力做到。你答应我的事，也请你努力做到。

如果这是人和人之间的潜规则。我相信没有什么关系，会比这种关系更健康、更长久。

因此，我才得以相信，我和我的朋友，我和我的先生之间，是一诺千金的。

这才是为什么，一个人，能够拥有活在这个世上的安全感。

# 大胆跳出框架，告别那个畏缩胆小不敢前进的自己

刚上班那会，我看到那些整天带着个浪琴、欧米伽手表的女生，就觉得这些人特装。

我女汉子很多年了。看到那些天天倒腾自己，面膜化妆服装搭配的女生，一直觉得特轻浮，肯定没什么内涵。

我去迪卡侬买了个运动水壶，有吸管的那种。同事看到了，说，我最不喜欢有吸管的水壶了，清洗起来很麻烦。

我爱上跑步，每周3次，至今已经3个月，有人跟我说，你不要这样跑步，你看那个XXX，跑步跑的膝盖受伤，最后连山都爬不了了。

大学时候，我有个同学，性格特张扬，典型的跟谁都能相见恨晚的交际达人。心里特别讨厌，特别看不爽，觉得这样的人真虚伪，跟谁都好。我不屑做这样的人，也不屑跟这样的人来往。

上面的事情，有些主人公是我，有些不是我，但是在里面，我都能看到曾经自己的影子。有点墨守成规，有点偏激的固执己见。按照自己界定的规则生活，执拗的认为自己的观念才是人生的不二法则，还看不惯其他不按照此法则生活的人。

伊索语言里面那个著名的狐狸的故事。说有只想吃葡萄的狐狸，因为自己摘不到而没吃到葡萄，就说葡萄是酸的。这个在心理学上称之酸葡萄心理。

我想，过去的自己就是那只吃不到葡萄的狐狸吧。因为得不到很痛苦，

或是实现的过程很痛苦，就告诉自己葡萄是酸的。用这样的方式安慰自己，以期消弭痛苦，从而达到暂时的心理平衡。

如果抚慰还显不够，就开始使用酸葡萄心理的升级版本——甜柠檬心理：我就是不要跟你们一样，我就是按照自己认定的路子去走，凡是不符合我价值观的做法和思想都是我所鄙视和不屑一顾的。

忙不迭说"我不"于是渐渐成为自己的态度和风格。很多时候，好像是为了反对而反对，目的是为了凸显自己的与众不同和见解独到。然而懂我的人却越来越少，不过并没有关系，我告诉自己也许我生性孤独。这种孤独犹如中"风萧萧兮易水寒，壮士一去兮不复返"的决绝和寂寞。对了，关键是，你们这些凡人都不懂我。而我，也不需要你们懂。

我过去一度认为我与众不同，认为我是一个众人不能理解的天才，我曾嘲笑让我改说话方式的"俗人"，我曾暗自腹诽不爱学习爱装扮的"绿茶婊"，我曾鄙视那些说话好听的"马屁精"，我曾经与一个爱出风头的朋友割席断交。

我一直以为我是对的。时间却日复一日，年复一年如风沙般侵蚀我看似坚强却不堪一击的"石头"表面。

思想开始动摇，慢慢发现，芸芸众生，天才何其少，往往是普通人还没做好，却得了一身天才的毛病。那些原来固守的东西，未必有想象的那么正确，那些一直讨厌回避的东西，并不如想象的那么不堪。

所以，以上几件事情的发展也多了岁月这把刷子留下的印子：

1. 讨厌戴手表觉得装逼的我自己，有一天，拥有了一块品牌手表。带上之后，发现带个有质感的手表，其实也不赖，还可以增加自信。

2. 闺蜜看不下我整日不修边幅的样子，硬逼着我去打扮，教我简单的化妆，突然发现，每天出门都感觉自己精神奕奕的。

3. 说清洗有吸管的运动水壶的同事，过了没多少天，她自己也买了一个。跟我说这个水壶喝水真的很方便。

4. 说跑步不好的同事，后来我看见他自己在朋友圈发大汗淋漓的朋友圈，表示，运动完出完一身汗真是太爽了。

5. 工作后，慢慢的因为工作需要，我学着跟人相处，跟很多人谈笑风生，我发现这样也没什么虚伪，反而大家还挺喜欢你的。而且越来越觉得，学会说话是一门艺术，说一些恰当的话，适当的时候可能会不经意改变事情的流向。而且学会说话，也能减少直来直去的性格伤人的机会。

也许你会说，看呐，时间把一个单纯的愣头青，变成了一个虚荣的老油条。

这句话，就是曾经的我，对苦口婆心一心要"渡化"我的人说的话。

此时此刻，我自己却变成了那个苦口婆心的人，絮絮叨叨的想要分享给年轻人，一些他们可能不爱听的生活感悟。

你看，我们确实会变成我们自己讨厌的人。不过，现在的我却并不讨厌现在的自己。

没错，我变成了我自己口中的"老油条"，可是更多时候，我为自己感到欣慰。因为我变得包容性更强，我开始学着去尝试，学着清除自己给自己设定的条条框框，接触不喜欢的人，做一些不喜欢的事。在尝试新事物的过程中，收获不一样的力量。

人生的大多数时候，我们像是怕被妖怪伤害的唐僧，固守在在自己划下的圆圈内，图一个安全舒适的空间。站在这个心理的舒适区，看着别人做错了。就笑，你看吧，我就知道这样不行。看别人做对了，心情就不好，然后酸溜溜的说，哎哟嘿，还真的做成了。我们走着瞧，看你能得瑟几天。

因为反正别人是输是赢，我的生活还是如此，并未受影响。

最后年年岁岁花相似，你还是原来的你，人家却已不是原来的人家。

不敢突破的原因很多，归结起来无非是：害怕现有的生活被打乱，害怕新的生活不如现在好。一句话：无法承担冒险的代价。

嗯，悲观主义的世界，总是如此。因为总是会看到新事物那不好的50%，却忘了还有好的50%。

所以，为什么要划地为牢呢？为什么"不"走圈圈出去看看呢？世界也许并不如我们想象的那么坏。

不喜欢装逼，可能只是因为不了解，他们只是对生活有追求，而你单方面的统一将他们划分为装逼。当经济水平达到可以"装逼"的阶段，你会发现，你喜欢某个品牌，也许并不因为这个logo，而是这个东西本身让你用得舒心，它的品质做工让你心仪。你用它，更多的是善待自己，而非作秀。

不喜欢运动，因为膝盖会受伤，很可能只是没有得到专业的指导或者运动量一下子上的太猛，何不找个专业教练指导一下呢？或者先从走路开始，渐渐找到适合自己的跑步方式？

不喜欢化妆，喜欢天然。问题是天然就美的女子太少，大多数女子一般都要稍稍修饰，天知道你不会被自己化个淡妆也同样纯净美丽的样子惊艳。

不喜欢麻烦的清洗有吸管的运动水壶，可能只是因为忽略了吸管带给你的便利，还有，也许有吸管的水壶清洗起来并没有想的那么困难。

不喜欢跟很多人在一起，也许是没学会怎么跟人好好的相处。害怕大家不理你带来的尴尬。当你开始学习讲温暖的话，你发现，别人开心，你好像也很开心。何乐而不为呢？而且，活泼爱表现的朋友一般比较自信，周身散发正能量，当关注点不在"讨厌"上了，换个角度，就会发现，咦，原来她们也很可爱。

新事物也许是坏的，也许是好的，可是总有50%好的可能性。

如果没有第一个吃螃蟹的人，可能我们到现在都失去了品尝美味的机会？

如果没有第一个发明电灯的人，现在我们的城市怎么会灯火通明，五光十色？

如果没有莱特兄弟发明飞机，我们现在还只能跋涉在"丝绸之路"上翻过雪山趟过沙漠，听着驼铃和鸟叫？

如果没有第一个炒股的人，谁能知道这种虚拟的东西竟然可以挣到真金白银？

很多人都在自嘲，为什么我听过那么多道理，却依然过不好这一生。看似无奈中透着悲凉，我却觉得好笑，因为自嘲的差不多都是如我一般二三十岁的年轻人，二三十年，一般来说，仅仅也就是一生的其中一段吧。很多年轻人，包括我自己，总是想要睿智的表现出看透世事的模样，其实是否就如辛弃疾写的"少年不知愁滋味，为赋新词强说愁"一样呢？

还有一个原因是，你就算知道所有的道理，可是你从未去践行过，这些道理跟你的人生只有很少的相关性。所以在你年轻的岁月里，你仍然还是过着什么都懂却什么都不做的日子。然后故作沧桑，说道理都懂，可是我却过不好这一生。

难道怪道理吗？还是怪社会？

指责别人是否永远比指责自己更让自己好受？因为贪图不痛不痒，所以选择忽视自己，责怪其他？

有句老掉牙的英文谚语：No pains, no gains。

没有疼痛，哪来成长？当我决定开始正视那个"强说愁"的自己，正视那些我讨厌其实是逃避的东西。我觉得我好像比以前更加勇敢，这种勇敢不是固执己见的孤勇，而是敢于直面痛苦的坚韧，未来的路上，妖魔鬼怪还是很多，我选择打怪升级，而不是躲避修禅。

因为我开始明白，想要真正懂得那些人生道理，一定需要在滚滚红尘中摸爬滚打，跟跄前行，切身体会过伤害，感受过温暖，这样才能拥有镌刻在生命里的字字带血，句句是泪的人生真言。

而这一切，都需要你大胆的跳出框架，正视痛苦，尝试未知，去挑战那个畏畏缩缩不敢前行的自己。

有句话我很喜欢：人生不妨大胆一点，反正只有一次。

## 你承担的风险与收获的利益是成正比的

台湾著名作家，斯坦福大学企业管理硕士，他在很多领域都有自己的建树。

问及为何总是如此精力充沛且保持斗志的原因，他的回答是："我做的事，没一件是有把握的。"

从小学到中学，我从未当过学生干部，也觉得自己不是那块料。可是进入大学后，我被选为学生议会的议员。这是我承担的最没把握的工作，我觉得自己肯定会干得一团糟。可是，做起来，却没有想象中的那么生疏和困难。当我因为表现突出被提升为学生议长后，我有一种醍醐灌顶的感悟——没把握的事情其实也能干好，那么，为什么非得等到时机完全成熟了再去干呢？很多事情，机会成熟的时候，也就是竞争激烈的时候，为什么不在旁人还在观望时自己就先出发呢？

我很想写一本小说，然后把小说改编成剧本，再组织自己的剧团上舞台演出。写小说的时候，我开始学习剧本构造；改剧本的时候，我开始招募剧团成员；排练剧本的时候，我开始联系表演场地……写了半年、改了两个月、排练了一个月，一年之后，我组建的学生剧团在学校的大礼堂公演，大家都说这是个奇迹。

我也从未接触过西洋舞蹈，但我很想在舞台上扭动灵活的腰肢，漂亮地踢踏。刚开始学习时，我全身上下都是僵硬的，一个星期后，就有了新的感觉，再过四周，我已经可以自如地控制每一块肌肉每一个步伐，我就这样上了百老汇的舞台。

我说话有点口吃，家人想了无数办法都没能让我改正过来，可是我自己在一个月内就纠正了这个不好的习惯。为什么？很简单，我加入了辩论团，而且要去参加国际性的大专辩论赛。我想要当一辩，我嘴里含着小石头对着大操场疯狂地磨炼语速，只要有空就下意识地说绕口令。就这样，口吃这个毛病自己好了。

大学毕业，我申请美国斯坦福大学的MBA时，除了标准的申请表外，我还编了一本名叫《Close—Up》的杂志，用图、文把我大学的经历全部呈现出来，厚厚的一大本，翻开来，星光灿烂，全是我的得意之作。斯坦福大学的MBA有没有要求我做这个？没有。但我做了，我必须让他们知道，我是最善于把握这种没把握的机会的人。那一年，我成为了斯坦福大学唯一来自台湾的MBA学生。教授告诉我，台湾的考生数以万计，但最后偏偏录取了考试成绩在千名之外的我，打动他们的是那本《Close—Up》杂志，他们觉得我是一个具有成功潜质的人。

进入斯坦福大学的MBA后，我觉得除了学业，还有更多没把握的事情值得我去干。所以，我穿上黄马甲，成为了华尔街的见习操盘手，成千上万的资金从我手里流进流出。我还进了微软、戴尔和通用汽车等国际知名公司，虽然进入的不是什么管理部门，但是我学习到了企业文化，掌握到了商业运作的整体流程。

MBA毕业后，我觉得自己可以去当一个作家，于是我回到台湾开始写小说，很快就出版了十来本，我就这样成了著名作家。

后来，我想要过一种云游僧人的闲散生活。于是先到北京，随后走遍祖国大江南北，在上海滩的高级酒店吃过肥美的鹅肝，也在西藏同胞的帐篷里啃过干馕。不管日子是苦是甜，我都很快乐。

有一个故事：有两个和尚，一穷一富，都想去南海朝圣。富和尚很早就开始存钱，穷和尚却仅带着一个钵盂就上路了。过了一年，穷和尚从南海朝圣回来，富和尚的准备工作还没完成。富和尚问："尔困，何以往南海？"穷和尚答："吾不往，则终日癫狂，行一步，则安一分。尔稳重，故尔在！"翻译成白话文很精彩："我不去南海，就心里难受。我每走一步，觉得距离南海就近一分，心里就安宁一点。你这个人个性稳重，不做没有把握的事情，所以，我回来了，你却还没有出发。"

所谓十拿九稳的事情，往往是获得回报最少的事情。要做，就去做那些没把握的事儿——你觉得没把握，别人同样觉得没把握。但是你做了，就有成功的可能；不做，就永远只能看着别人成功。风险与收益向来都是成正比的，投资是这样，生活也是如此。

## 多干些高攀的事，人生格局也能大一些

有位朋友，业余喜欢写写文字，用她自己的话说，是十八线小写手。可就是这位十八线小写手，听说某位名作家到了她所在的城市，立即邀朋唤友要跟名作家见面。朋友们大吃一惊，说人家多出名啊，会理我们这种小人物？

没人愿意一起去，她就一个人去了。结果出乎所有人意料，她不但见到了名作家，还一起喝了下午茶，这次"高攀"之行，可谓收获满满。

尝到甜头后，她就经常干这些"高攀"的事儿。虽然也遭遇过难堪，也被拒绝过，但几年下来，她比一般人见识了更多的名人。她在这些人身上学到了很多优秀的品质，学到了很多写作的技巧，开阔了视野，眼界和格局也发生了改变。

现在，她的文章越写越多，也越写越好，虽然离名家还很远，但她相信，只要多从名家身上汲取营养，早晚有一天，自己也会成为名家。

我的一位亲戚，高中毕业后南下打工，在酒店里刷盘子，每个月工资不到两千元。一天，亲戚突然说要买车，把周围人吓了一跳，买辆车是用来看的吗？

大家善心爆发，纷纷劝阻。但亲戚就是不听劝，不能一次性付款买车，但可以分期付款啊。很快，他拿到了驾照，开着新车喜滋滋上路了。当然，做这一切的代价是他不但花光了积蓄，还借了父母、亲戚不少钱。

他买了车，就不再刷盘子了，而是找了一份销售的工作。这时候，他的车发挥了作用，省去了等车转车的时间，他随时都能见客户，而且因为开着车，给客户一种他是"资深销售员"的感觉，谈生意总是比其他销售员容易谈成。

虽然刚开始工资都不够买油的钱，但很快，他在公司站住了脚跟，成了金牌销售员。现在，他不但买了房，还换了辆好车。

亲戚说，当初的那辆车，是他"高攀"了，以他当时的收入，根本开不起，但他就是想要一辆车，就是想过上有车人的生活。如果这只是一个梦想，可能永远也无法实现，还不如干脆把它变成现实，再努力维持这种生活。

我刚到外面打工时，和大多数务工人员一样，住在城中村的民房里。出租房没有卫生间，没有厨房，没有网线，而且离公司很远，我每天骑车上下班都要一个小时。

我对这种居住条件当然很不满，每次经过公司附近的一个小区，我都会仰望很久，然后轻轻地对身边的人说："我能不能搬到这样的地方住？"听到这话的人都会摇头，告诉我，这里的房租有多高。

我在城中村住了半年，知道了有些人在城中村一住就是七八年。刚开始我也安慰自己，别人都是这样过来的，凭什么我不能？但是随着时间的推移，那些自我安慰变得像泡沫一样易碎。没有卫生间，我每天晚上都睡不踏实；没有网线，我写好的文章就没有办法发出去。

半年以后，稍稍有了一点余钱，我便一咬牙，搬到了我曾仰望了无数次的小区里。新房子有厨房、卫生间、网线，还有大窗子，上下班也特别方便，走路十几分钟就到了。我不再晚上失眠，宁静的晚上，我可以为自己做顿美食，再安心地坐在电脑前，把写好的文章发出去。偶尔有稿费单寄到公司，从零零碎碎到源源不断，很快，稿费差不多也快够交房租了。

虽然住高档小区对于低收入的打工者来说，是一种"高攀"，但是我得到的，绝对比多付的那些房租更值钱。

  我们一贯的认知里，就是做人要脚踏实地，不要好高骛远，不要去高攀。事实是，有时候我们就是要抛下羞耻心，适当地去高攀一下。这样，我们才能看到更多不同的风景，能给自己一种激励，能给生活带来更大的方便，能让梦想更早一点实现。

  总是站在低处，视线会受阻，斗志会丧失，梦想会磨灭，不如放下那些包袱，大胆去高攀。让风从耳边过，把心涨成饱满的帆。

## 做一个勇于犯错的大英雄

[1]

那天在课室里训练学员，我进去的时候刚好是一个微胖的男学员站上台。他说，想跟大家分享一件自己觉得后悔的事情。说是那天他在车站等车的时候，看到一个姑娘。姑娘也不是长得很漂亮，但是圆圆的脸蛋，很有特色的眉眼，一下子就让他迷上了。

都说情人眼里出西施，那一刻他觉得，她就是他找了很久的人。那时候他很想认识她。于是就往前走了几步，想开口说话，却又没敢开口。结果就这样径直地走过她的面前。然后又不甘心，又绕了一圈柱子，又回到姑娘的背后站着。

犹豫着正准备走上前搭讪，结果车来了，姑娘上车走了。他说，这是他觉得最后悔的一件事。如果当时的自己没有那么多犹豫，大胆上前搭讪，说不定就没有那么遗憾了。因为啊，不敢上前是因为害怕被拒绝。

其实，当你遇到一个喜欢的人，还是应该勇敢争取的。或许她在你眼里很美好，所以你害怕自己被她忽视和拒绝。可是你的犹豫只会有一种结果，那就是失去这次机会。而一旦你直接上前坦诚，就会有两种结果，要么被拒绝，要么因此得到一个机会。

所以你不去试试，就注定只能有一种结果。小心翼翼会让我们无风无浪，却可能因此错过更美的风景和人。

[2]

某天下午我和Jimmy在练习吉他。练习到一半的时候，我突然想不起接下来的步骤，然后我就停了下来。脑子里开始琢磨接下来该怎么弹才对。Jimmy看我琢磨了老半天都没动静。

于是他就着急了，朝我喊着，你赶紧弹啊，有什么好思考好想的，就那几个音，你试试弹一下听一下，不就知道对不对了吗？为什么还要花那么多时间去思考？他说，读书人都有这个毛病。

明明是走几步就可以解决的事情，偏偏都要坐在那里思考半天，最后什么结论都得不出来。你要痛痛快快地弹，犯几次错，你不就知道怎么才是对的了。他的意思是，让我不要去琢磨，直接弹了再判断。

他的话让我突然一下子醒悟过来了。其实很多时候，我们都总是小心翼翼，生怕走一步就错了，于是就停下来想啊想啊想啊，结果最后什么都没了，可能都想不出来。小时候我们想说什么都脱口而出，童言无忌。

也可以从高高的看台上跳下来，哪里惧怕过摔倒。长大以后我们做什么事情都变得小心翼翼，生怕犯错。明明只要去试试就可以知道对错的事情，我们却犹豫不决。

[3]

以前有人在后台留言问过我，说觉得人生很迷茫，不知道怎么办才好。因为想要的东西很多，可是却不知道怎么才能通过努力去获得。有人说，现在陷入了困境，完全不知道该怎么选择了。

有人说，怎么办现在好烦，觉得人生好难，很怕自己选错了方向，就会留下遗憾，好犹豫，你能不能给我一些建议？其实啊，为什么那么多人会迷茫？是因为我们总是想的太多，做的太少。

当你觉得迷茫，觉得不知道该怎么做选择的时候。其实你只要赶紧行动起来，制定一个短期的目标，然后马上去做，马上去尝试。这样你就会知道接下来该怎么做了。很多人都是陷在思考的困境里，一方面不知道该怎么办，一方面还停下来胡思乱想，结果想了老半天也不知道到底该怎么办才好。

而忽略了，最直接的方法，就是去试错。每个人每个阶段都会迷茫，很多人都以为思考就能找到答案，却往往忽略了，应该是先去行动先去尝试，然后才能总结思考，得到正确答案。

所以当你觉得迷茫的时候，很可能是因为你只顾着思考，却没有站起来往前走两步。与其被困住被迷茫，不如站起来往前走一步。人生啊，很多时候不能总是那么小心翼翼，你要勇敢往前走一步，两步。

很多事情是现在的你看不到的，而是要多走两步你才能看到。我也曾经很迷茫，觉得好像很多事情都办不到。于是很多事情一拖再拖，一推再推。最近突然想通了这个道理，我想，这就是我能给你们的最好建议。

希望我们都不再是小心翼翼的胆怯者，而是一个勇于犯错的大英雄。别怕，最多就是摔跤，重新站起来世界还是很美的。

# 可享当下安乐，却不妄图长久安逸

毕业找工作时，几乎家里所有的人都希望我能考上公务员或者事业编。当时，家人几次三番打电话给我，让我好好复习公务员考试的题目，理由是：现在下苦功好好准备考试，将来当上公务员就有个一辈子稳定的工作了，这是一劳永逸的事儿。

每次听到这种话，我总是不置可否，又无可奈何。我无法赞同家人的态度，也不能直接反对他们的想法。他们的良苦用心，我无力接受，却也无法说服。

在我的观念里，这世上根本不存在一劳永逸的事。所谓的一劳永逸，其实不过是坐以待毙。

[ 1 ]

记得考大学时，老师和家长也喜欢对高考生说类似的话。临近高考的学生总会听到这样的劝诫：现在要好好学习备战高考，等到考上大学后就可以任性玩耍，之后的前途也是一片坦荡，高考是件一劳永逸的事儿。

可是考上大学后，我才知道大学一点都不轻松。学习语言专业的我仍然要每天上自习，背单词。那是我第一次反思大人们说这些话，质疑所谓的一劳永逸。

大学之后，我没选择安逸。不是我不想，而是做不到。安逸之后便是迷茫，迷茫之后便是颓废，颓废之后可能就是抑郁了。

想起我们市里的一位高考状元，他大我两届，当年以全市理科状元的身份考入那所全国最知名的学府。

可能是因为高中生活太苦，可能是他完全听信了老师们一劳永逸的"鼓励"。总之，他在进入大学后完全实践了一劳永逸的说法，一改往昔勤学的模样，每日任性玩闹、潇洒度日、再不问读书事，直到挂掉多门课程，被大学劝退。

听说他在劝退后抑郁了很长时间，直到多年后才又重新参加高考。

你看，这世上从没有一劳永逸这回事。每一种安逸里，都暗藏着风险。选择一时的安逸，可能意味着在日后承担更重的苦难。

[ 2 ]

我有一个姐姐，毕业后进入一家国企做行政类工作。用她的话说，她当时拼尽全力通过层层选拔，最终才拿到这个岗位。

"因为当时的男朋友在这家单位，所以我花了几个月的功夫准备这家国企的笔试面试题，希望能进入这家单位。"姐姐后来跟我说，她当时觉得只要进了这家国企，就可以一辈子享受旱涝保收的工资，上下班还可以让男朋友接送，简直是一劳永逸的好事儿。

后来，她如愿进入这家单位。行政岗的工作内容虽烦琐，但并不忙碌。她每天除了做完日常工作外，剩下的时间都用来刷某博逛某宝，等着和男朋友一起下班。

生活似乎变得很轻松，她也以为自己会这般平凡而轻松地过下去。无风无浪，不需上进，上班就是处理一些上司安排的日常工作，下班就是和男朋友甜蜜。

"显然，我那时候把人生想得太简单了。后来我男朋友跳槽要去上海发展，我不愿意去上海，只好分手。"姐姐说，她分手后心情正差的那段时间，刚好赶上部门换了新领导。这位新领导每天都给她安排很多工作，且涉及很多她不熟悉的领域。

"我好久都没学习过新东西了，人早就懒了。人啊，过惯了清闲日子，也就适应不了大工作量了。"为新领导带来的大工作量而心烦，为分手而心乱，这两件事一下子冲击了她所谓的"平凡而轻松的日子"，她无法适应这双重变故，冲动之下辞职了。

辞职后，她才发现自己工作这两年几乎一无所得。除了会按着领导的要求处理点日常琐事外，她几乎不会做别的事情。不会做PPT，不能熟练使用办公软件，不会做设计，也不会写创意文案……甚至连大学学过的管理类课程也都忘干净了。

曾以为的一劳永逸的生活，瞬间倾覆。最可怕的是，这两年过惯了闲散生活的她，早已不想再去学习新东西了。安逸的生活如温水，一点点煮死了她这只不求进取的的青蛙，让她在风险面前不堪一击，也丧失了前行的能力。

[ 3 ]

我们总想过轻松安逸的生活，不愁衣食，不必劳苦，最好还要有人疼有人爱。这种感觉，像是被整个世界宠爱着。

于是，我们妄想可以通过一次辛苦劳作而换取一生安逸的生活。我不能直接否定这种可能，只能说，这种想法的风险太大。因为人一旦陷入安逸，便很难自拔。有一天，当这种安逸被打破，生活便会瞬间失控。而身处安逸之中的人，则对突然袭来的风浪毫无招架能力。

最终，所有的一劳永逸，都变成坐以待毙。

所以，我们或许应该去追求一种有远见的生活方式。享受艰苦之后的安逸，也要懂得在安逸中未雨绸缪。要知道，懂得筹划未来的人，才能更好地把握当下。

这也是我对自己的劝诫和要求。

六月毕业季之后，我在这个七月开始了自己的工作。单位有国企背景，工作内容不算繁重，还能让我充分发挥自己的价值。

我喜欢这个平台，想在这个平台上施展自己的能力，但也告诫自己，要时刻保有离开这个平台的能力。所以我努力的在这个平台上学习各种技能，同时也不敢抛开自己所热爱的文字，依旧专注而认真地写着这个公众号。

我想，这或许也正是我面对生活的态度。

不依赖一份工作。享受一份工作带给我的一切，在这个平台上用心思考、学习、积累经验；同时也让自己时刻保有离开这份工作的能力，即便有一天离开，依旧可以凭借之前的积累获取生存的资本。

不依赖一个男人。享受一个男人对我的好，也用心去爱；同时保有自己独立的能力，这样即便有一天会分开，依然可以坚强而自信地生活。

不依赖一段时光。享受一段时光对我的种种恩赐，同时也让自己拥有随时抵抗风浪的能力。

所有的一劳永逸，都可能是坐以待毙。我们要追求的，或许应是一种有远见的生活方式。可享当下安乐，却不妄图长久安逸。在安逸中遇见未来的风霜，始终保有前行的能力，这样方可在抵达每一个未来时，都能看到一树繁花。

## { 双手挣来的稳定才是真的稳定 }

[ 1 ]

在本该岁月静好的日子里，有一天，你在办公室午睡完，抬起头来，突然觉得不快乐。

毕业那年，你也不知道自己要什么。整日浑浑噩噩，父母说公务员好，你就考了公务员；姨妈说老师好，你就当了老师。他们说：稳定好啊。

你，问问自己，你真的懂什么是稳定吗？

在很多二三线城市的父母心里，他们对女儿的稳定其实是有一种潜规则暗示的，那就是"你只要负责买得起奥利奥"，其他的，"父母，老公，神秘人"会负责你的奥迪和迪奥。

你负责拿点小钱貌美如花，那人负责"挣钱养家"。

所以一旦"稳定"下来，女孩子大多两条出路，那些嫁给了土豪的，自然滋润无比，将未来优劣全盘交付给那个男人；可是你，似乎运气没有那么好。你选了一个和你同样稳定的人——然后你们俩开始稳定地穷着了。

这时候你才渐渐发现，你以前以为的稳定就是没有竞争，没有压力，到点发工资，孕产期可以逃班，同事和平得像慈善义工。你在安逸里，好像渐渐变成一个对工作毫无要求的人，反正那工资到点就发，分毫不差。

[ 2 ]

可是，突然有一天，就那么腻了。

两点一线，连上班路上垃圾桶的位置都能背出来。同事领导要退休，已经心不在焉。所有脏活累活杂活莫名其妙的活，都堆给你干。这枯燥的工作让你开始怀疑人生。你年少时的梦又开始蠢蠢欲动。

朋友圈的女同学已经背上了爱马仕，游完了迪拜，你羡慕的不是她的纸醉金迷，而是，她比起你来，似乎是不用听一辈子没出过单位的老妇女，讲些莫名其妙的鸡毛蒜皮。

你听腻了。你踮起脚来，看见大城市的霓虹在隐隐发光，背后却又是无边的黑暗，你犹豫着要不要出去拼一把；可是——孩子，父母，公婆，牵绊已经太多。你看看身边的男人，他比你还像热锅上的蚂蚁，四下无门。

你在想，自己是不是真的选错了。

不是选错——而是，稳定并不代表停滞。

[ 3 ]

这个世界上没有任何职业，可以让人躺着睡大觉，从此不去学习，不去钻研，不去认真成为一个"在其位谋其政"的人。

你图公务员稳定，可是三年后，眼见着和你同期进单位的朋友，就牛气哄哄地考到省直单位去了。你的朋友，他选择了稳定地向前，而你，似乎相比之下，懒了一点，尤其是在有了孩子之后，所有人对你好像已经不再有要求。可是，比起那些挺着大肚子还要加班的企业员工，你是不是太幸福了一点。

而那些选择了"出去闯闯"的人，就一定过得比你好吗？也未必。她们有的一而再的跳槽，有的烂死在一段要死不活的恋爱里，在大城市里混了几年，除了学得更会花钱了，毫无长进。

那姑娘说：我好害怕，三十岁过后，我会在这个城市混不下去。

那你就去看看，牛气哄哄的到底是哪些女人呢？在那些不稳定的，动荡的生活里，如何稳定下来？

一开始，她们是部门最肯吃苦耐劳的那个人，早出晚归，给领导提包倒茶给办公室扛纯净水修马桶，干一切别人不干的事。

后来，她们是办公室最肯动脑子的那一群人，她们会指出方案上明显的常识错误，她们试图理解同事为什么今天情绪那么不好，她们关注更好的理财方式，她们日夜写案子，在哺乳期背着奶上班，成为最辛苦的那一批职业女性——她们像杂草一样在这个城市野蛮生长。她们的狠劲，使身边的伴侣也丝毫不敢松懈。因为稍不注意，他们就会失去她们。

终于有一天，好像人生开挂了。每天手机响个不停，仿佛业务就那么自动找上门来。她开始有时间和朋友出去喝下午茶，顺便谈谈工作，钱，好像就那么不太缺了。她有钱有闲还有自由，成为那些老家女同学眼里羡慕的人。

属于她的稳定到来了——稳定的能力，带给她哪里都能找到饭吃的资源。

[ 4 ]

人生有时候，很难讲谁选对谁选错的问题。想要稳定，绝不是错，同为女人，我太懂你因得肩负生育天职，想想就已经觉得腰酸背痛，谁又想还要成为顶梁柱去体味"搵食艰难"。

我也是。

可是你们知道吗？昨日去了靖港，在初春的暖阳里，和朋友静静喝了茶。回来的路上，所有压力袭来，累得有点想哭。终于同朋友说，写稿写到想吐的时候，孩子哭闹着抱大腿的时候，就羡慕那些吃完饭就打麻将只哄哄孩子的女人，将所有光阴及未来交付那个男人，而我，到底是为了什么要和自己这么死磕。

为什么我就做不到那样。人生的最初，我也只想过点稳定的日子就好。

可我知道啊，生活有时候，哪由得你偷懒，演员刘涛谈起自己这一路"豪门破产励志戏"，颇有一种"能做许晴勿做刘涛"的无奈感。

不是她要破败，不是她要突围，命运推她，无能为力。望着她在真人秀里的神奇整理术，我颇为感动。这是被生活扇过耳光的女人，再也不是温室花朵，豪门娇女，命运逼她雄起，她不得不伸手诀别那滩生活的烂泥。

哪里有真正稳定的小日子。中国人连活着，就已经要费掉全部力气才能活得八分体面。每个人都很难，若你不觉得难，那你要当心，谁替你抵挡了那些难，你的稳定建立在谁的动荡之上，而那动荡，又是否已经危矣，你却浑然不觉。

别停。是的，别停。偶尔停下来，那是休息，而不是停滞。

可多少人一开始想稳定，就是想选择停滞。坏事情就是这么开始的。

这个世界上，没有稳定这个梦。艰难是我们的财富。动荡是我们的历练。这世上有只愿意靠着夫荣就满意了妻贵的男人，可是，那不是我们。如果你太了解自己不是可以打着麻将就过一生的女人，还年轻，还有得选，也和我一样，有着骨子里对自己的要求，那就永远不要选择什么稳定。

唯有如此，你的生命力以及未来，才从不依仗着谁。你终有一天会比谁都"稳定"，但这双手力挣的能力，永不消退。

一个女人的好运气是怎么开始的？我相信，是当她有权力选择从此落定，而依然徐步向前的时候。

## { 不逼自己一把，你不知道还有这些天赋 }

把窗帘拉开看映在玻璃上的影子，也许就能看清你从未见过的自己。

那一年立夏，东北的天气还肆意着些许寒意，我将这理解成冬天离开时留下的怨念，也许从这就可以看出那个北风呼啸的季节是多么深爱我脚下这片热土了。

我不管他们是相爱还是相杀，我只清楚自己兜里的一百元不足以支持我奢侈的生一场病，于是便赶紧将拉链在往上拉一些。

像所有刚毕业的大学生一样，我尴尬的处于刚步入社会，并且正在享受转型阵痛中的一份子，这阵痛几乎打碎了以前对于现在生活的所有幻想。

西装，咖啡，电脑，谈笑之间将所有问题解决，然后悠然自得享受一整个下午的阳光。但事实上，我在试用期的第一天就受到了所有人的围观，于我来说，所有人懒散的在闲聊，穿着随便的仿佛刚从公园晨练坐在路边喝豆浆吃油条的大叔大妈，而于他们而言，我可能就是个误闯的迷路者，大家在等我礼貌退出，而我却不知所措地呆立在原地，一时间竟有了与一群人对峙的架势，发现这一点的自己局促不安地挪了挪身子，却发现状况并没有改变。

那是我第一天上班，也是从那天开始，我发现命运的列车还是偏离轨道，我再也控制不了。那一天，我穿着新买的衬衫，去库房了搬了一天的货，工作的内容就是，把箱子打开，取货，扫码，再把货物装回箱子里。我和老同事用了整整一个白天的时间，终于把200多箱的童装，男装和女士内衣给处理好，汗流浃背的我看看手机，已经六点了，于是便整理衣服，准备回家，却被同事叫住，我看着同事一脸怪异的表情就感觉不妙，果不其然，被告知：今晚要把这200多箱货装车，拉到外地商场。

我尽量调整自己的语气，然后用疑惑却不失礼貌的口吻询问：咱们公司没有库管之类的仓库工作人员吗？

话一出口，对面的同事就漏出了牙，与眉毛眼睛一起组成了果然如此的四个字。

然后，他走过来拍了拍我的肩膀：小伙子，别惊讶，进了咱们公司，你要慢慢学，咱们都是业务，可是公司里就是没有一个库管，你知道是为什么吗？

我想我当时的脸色一定很难看，实在是说不出话来，同事很明显也没想得到我的回答，就自顾自的说出了答案：在这你什么都得干。然后招呼我，先去吃点东西，因为晚上还要干重体力活。

我当时觉得自己已经懂了同事的话，可是后来才发现，其实那还差的远。

那晚我都不记得是怎么度过的，我们的仓库，并非普通意义上的仓库，它是在写字楼的七楼，没有货梯，只能用载人的电梯进行运货，于是我们需要先把箱子从那个狭小的门里弄出来，然后再把它们运到电梯口，再通过电梯，一点点的往一楼弄，最后，就是要把货物都放在货车上，因为条件的限制，我们实在谈不上什么效率，于是，我就开始了人生中第一次的加班，那过程狼狈的让我不想再想起，那感觉却让我记忆犹新，湿透的衬衫紧紧的贴在后背，从大楼里一出来，就能清晰的感受到风的存在。最后，搬好货，就迷迷糊糊的上了车，我们几个男同事坐在车里，跟着前面的货车，趁着夜色，驶出了这座已经安静的城市。

在那晚的记忆里，马路上散落着昏黄的光，偶尔会有出租车与我擦身而过，我们的车就像一艘航行在海洋的船，摇摇晃晃的把我的思维一点点给弄得混乱，我眯着眼，可眼前的一切都有了一种不真实的感觉，直到这份感觉让我觉得自己好像都成了这马路上的鬼，就戛然而止，我睡着了……

从那晚以后，我仿佛经历了一次脱胎换骨，一觉醒来，我们早已到了地方，又趁着商场正式营业之前，把货物搬进去，然后开箱取货，把花车上铺满货物，并且要做到既丰富又不杂乱。然后，我就开始了第一次卖货的经历。

我现在还庆幸那时是跟同事一起，否则我可能要费好大的勇气才可以。当有人拿着一件童装问我这个码的衣服她家的孩子能不能穿时，我只是恍惚了一下，就偷瞄了一眼刚刚我抄下来的尺码介绍，生涩的张开了嘴。那一次是我很想从回忆录里删去的黑历史，从对方一脸笑意我就知道当时的自己一定慌得不行，因为那时连头发都没有洗，我猜自己的形象一定狼狈不堪，还好顾客没有表现出什么厌恶与不耐烦的意思，否则我想那时一定会更加难堪。

有时人就需要逼一下自己，若不是确实发生了，我都不知道自己真的有这方面的天赋，只是一个上午，我就把有关童装的所有内容烂熟于胸，而销售情况也渐入佳境，不知不觉到了晚上九点，商场关门，楼层经理过来跟我们说今天一共卖了10万多块，我突然觉得有一种成就感，那感觉不同以往，它第一次出现，让我印象深刻，就像被鼓舞了一般，以至于到了酒店，倒头就睡了，连个梦都没有。

要说工作后和上学时最大的变化，就是知道了赚钱的难，也知道了大学所学的东西根本用不上，反倒学到了许多新本领。比方说专卖店离得货架子坏了，我学会了修，新店装修，我学会了陈列，商场撤柜，我又学会了整理打包以及怎么和楼层经理混脸熟，而最大的收获，则是这脸皮实打实的厚了起来。

在东北，特别是在这个城市，做生意不用多高深的眼光，也不用多精明的头脑，更不用多敏锐的嗅觉，需要的只是两种东西：资本和关系。如果说这两者还都能解释成作为一个生意人的必要条件，但生意做到只是简单粗暴的依靠这两样是不是太过分了？什么生意如果能不用合同就尽量不用合同，这样给双方都留下了反悔的余地，即使我今天答应了你，但要是哪一天我想要反悔了，我就可以反悔，而且一天之后我们在同一个饭局上还可以继续把酒言欢做兄弟。但不得不说，老板毕竟是老板，是资本的掌控者，是公司的独裁者，是非常要脸面的，所以，这种不要脸的事一般都是交给我们去做。而对方的老板，毕竟也是这个圈子里的人，也要遵守游戏规则，所以事情肯定会办成，只是过程相对曲折，你总不能不让别人发发怨气是不是？你总不能不让人家做点小手脚来刁难刁难你是不是？毕竟，老板就是老板，是资本的掌控者，是公司的独裁者，是非常要脸面的。

于是，我的心理素质渐渐强大，基本能做到别人当面骂你，就跟那人骂的不是你似的地步了。同事们惊讶于我的进步，老板欣慰于我的成长，有时候在偷偷骂完娘以后我都会觉得前途一片光明，但直到某一天，我和同事在外面出差回来的客车上，同事跟我说：你看外面的柳树都发芽了。我定睛看去，对啊，不知不觉，又一个春天就来了，而对于这次季节的变化，似乎除了衣服的增减，我也没有什么清晰的感觉了。

而我也没想到，就是这么简单的一句话，让我一直想了一路，六个小时的车程就在思绪飞扬中消磨殆尽，回到公司，在同事惊讶的目光下，我走进了老板的办公室，在老板惊讶的表情下，我对老板说出了：我要辞职。

老板让我坐下，要跟我聊聊，我清楚这个程序，为了避免接下来无聊又耗时的你猜我猜游戏，我接过话头，先表达了对于公司和领导培养的感谢，然后又表达了对于同事帮助的感谢，最后，直接对老板说：我在这学到了很多，做到了很多，经历了很多，这一年的工作是我从来没想过的，我喜欢咱们的公司，喜欢一起工作的大家，但今天我突然觉得，我还年轻，我应该为自己以前的目标闯一闯，哪怕不成功，我也想试试，因为我实在是怕，怕一抬头，十年过去了，那时我再回想起现在，会后悔，然后变成一辈子的遗憾。

老板沉默了好久没说话，许久才叹了口气：你是个好孩子，我原来还以为你是有什么不满意的地方，现在看来，你是真的决定走了，唉，也行啊，年轻人应该闯一闯，以后有什么事可以联系我，能帮忙的我一定帮。

我站起来，对老板说了谢谢，然后跟同事们告了别，然后在大家的目送中，辞了职。

后来朋友聊天时问起我，那天真是为了追什么梦想才辞职了吗？

不可置否，我对他点头，朋友明显不信，就转过了话题，而实际上我也不信，但那天真是脱口而出了，这并不什么真情流露，只是漂亮话听多了，自然而然就会说了，现在回想起来，老板说的那些话可能是真的？然后我就想笑，笑自己这么久了还这么蠢，我觉得那天的情形用艺术的方式去表现一定是两个带着面具的戏子在互相飙戏，配合的效果却异常的好，老板通过对我富有人情味的变态，巩固了公司的人心和凝聚力，我通过配合，获得了被压的那半个月的工资，成了一个双赢的局面，结果堪称完美。

也是从那以后，我清楚的发现自己变了，并非变质，而是在思想中又多出了一个灵魂，我不知道他从何而来，但我知道，他就是我，只是平时看不见，而当我开始照一面名为社会的镜子时，他就会清晰的映在镜子上，一切都游刃有余。

## { 合适的机会只会在你足够努力之后才会到达 }

我曾经做过一份工作，当时我的直线经理找我谈话，我俩的话题很新颖：不要惧怕升职。是的，我曾经就是一个惧怕升职的人。

我不是不想要更高的职务头衔和薪水，但伴随升职而来的角色转换的压力会令我胆怯。当你做初级工作时，只要凭技术做好手头的工作即可；而升到经理角色，就需要承担一定的销售指标。再比如以前的工作，管好自己就行；而再上升就需要管理其他同事，偏偏这些归你管的人又不能由你指定，往往都是些桀骜不驯的主儿，那么自己的压力就会变大。我总会在关键时刻退缩，并提供出正当且充分的理由：我还没有准备好，以我现在的能力恐怕很难胜任……

很长一段时间里，我对自己能如此"脚踏实地"和"谦逊有加"而洋洋自得，我觉得这么做说明自己是一个负责任而且谦逊谨慎的人。直到辞去了那份工作，老板离别时给了我一句发自内心的忠告："希望你不要太过安于现状，要多些进取心。"我很吃惊，也很不服气："我不是不肯抓住机会啊，是时机还没到啊！"

我有一个朋友的经历和表现，却恰恰和我相反。她在职场上是公认的"好人牌"软柿子，比我还要安于现状，唯一的愿望是年假能多休几天。结果两个派系的领导打架，最后落得两败俱伤，单位部门重组后斟酌了半天新部门人选，选来选去便选中了她——因为只有她不隶属于任何派系，不会激起太大的矛盾。

被赶鸭子上架的朋友并不乐意，因为这个部门领导的工作并不好干，既要像浪尖上行船一样有高超的平衡技巧，还要懂得将处事说话的技巧拿捏得当。朋友不想干，又不知道怎么和上面的头儿说，辗转反侧之际被任命，她没有欢天喜地，反而被催生了华发。

不过上去也就上去了，看起来很难的事，拆分到每一天，也就过去了。问题当然不少，但好在部门刚血洗过一回，无法在短时间内二次震荡，于是一些难处也被她咬牙撑了过来。结果她居然在那个位子上干了两年，后来被猎头挖去了一家北欧的公司去做相同职务，虽然职务相同，薪水却翻了几番，人际关系也简单了许多，而她本人则凭借着"得体"和"考虑周全"深得老板信赖。

面对机会和重大的决策，我们最自然而然的反应就是等一个合适的时机，可是什么才是合适的时机呢？我们并不清楚，也没想清楚，就把答案稀里糊涂托付给了未来。

美国思科的首席技术官帕德玛锡·华莱尔曾被问道："你从过去所犯错误中学到的最重要的教训是什么？"她回答说："当我刚起步时，我拒绝过很多机会，因为当时我想'我这个水平还胜任不了这项工作'或是'我对这个领域还不了解'。现在回想起来，在某个特定时期，迅速学习并做出成绩的能力才是最重要的。如今我常跟人提到，当你寻找你的下一个目标时，其实并没有所谓的完全合适的时机。你得主动抓住机会，创造一个适合自己的机会，而不是一味地拒绝。学习能力是一个领导者必须具备的最重要的特质。"

帕德玛锡的回答给了我们两点启示：

一是生活中没有一个完全合适的时机，除非你"逼"自己一下。我们的恐惧往往来自对自己能否胜任的不确定，还来自对将要承受的压力的恐惧。越是平时喜欢思考、喜欢规划的人越容易怀有恐惧，反倒是平时大大咧咧或者功利主义的人不会那么多虑，欢天喜地地就上去了。至于怎么适应更高的职位，可以先做了再说。由此可见,"做了再说"比"先想后做"要好,迅速学习、做出成绩才是主要的。

二是在快速发展的社会,抓住机会最重要,不要顾虑是否需要踮起脚尖。坦白地说,在职场上能给你一个机会已实属不易,没有哪个领导会去反复劝说沉默谨慎的人申请更高的职位。更现实的是,你可能觉得自己不够格尝试,但在你身边却有的是能力不如你却敢于尝试的人。你不去,他们就会去,并且会以更快的速度跑上去。

有关"合适的时机"问题不但出现在职场上,也常会出现在我们的生活中:什么时候换工作,什么时候出国,什么时候结婚,什么时候要孩子……对于这些常见的问题,大家往往给的都只能是模棱两可的答案:现在还不合适,等条件成熟点儿再说吧。

什么时候才是"合适的时候"呢?这个问题很难回答。有趣的是,假如这些事情在未加计划的情况下发生了,比如被猎头打电话建议跳槽、意外怀孕有了孩子等情况下,大家都能欣然接受。可见我们的内心都愿意拥抱一些改变的机会,却又本能地抗拒着改变会带来的风险。

机会并不来自你的选择在未来包含了多少风险,而来自一个人对某件事的全情投入和你愿意为之付出的努力。如果我们总是像坐在自动扶梯上一样被动地等待着什么好运降临,一般都不会有期待中的好事儿发生。

雅虎总裁梅耶尔曾在一次演讲中提到,人们应该去做一些还没有准备好去做的事情。做一些你感到害怕的事,意味着你将向前迈出一步,你将会学习新的东西,你将会成长。

当然,逼迫自己打乱自己的节奏,向上向前够一够,必然不是一件轻松的事,我们需要找到自己的节奏。看看我们自己,再看看周围,你会发现,那些对职场、对生活不满意的人,真正不满意的并不是环境,也不是自己不够好，而是自己没有尝试过转变，去做一个更好的自己。

我们需要清楚的事实是，生命中永远不会存在一个"完全合适的时机"让你能够去做某件事情。如果你打算做某件事情，不要等待，从现在就开始着手去改变。尽管你并不自知，但其实你已经有了足够的能力和力量去实现这个你希望拥有的改变。

而放弃自己力量最常见的方式，就是认为自己毫无力量。

# { 生活的好坏与城市无关，与你的选择有关 }

[ 1 ]

一个广院的90后师妹，从广院毕业后去清华读了电视新闻的硕士。时间过得飞快，我记得驻外前，和这个妹妹在广院附近的小饭馆吃饭，听她纠结要不要读研。

广院的姑娘好像确实是本科直接工作的居多。读研要三年的时间，好像搁在别的学校，保研清华，这有什么可犹豫的。

但是广院经常上演的故事是这样的，三年时间，本科毕业直接工作的姑娘，也许已经成为了某卫视的当家花旦，而另一个姑娘研究生还未毕业。

可能传媒行业就是这么残酷，竞争激烈，且瞬息万变。让每一个想要在大城市留下，并且长期生活的人，不得不每时每刻地权衡利弊，做出更有利于自己的选择。

转眼间，这个妹妹今年研究生也要毕业了。她问我这么多年在北京工作的心得体会，以及要不要留在北京这个所有人都很难给出绝对答案的命题。

[ 2 ]

2006年去北京上大学，今年已经是2016年。居然看上去，我已经在北京待了十年。这样的算术题，让人难免后背发凉。我居然已经在另一个不是家乡的城市生活了十年。

其实，并没有十年。四年本科中，有一年去了巴西做交换生。而毕业以后的五年多，又有三年在拉美度过。然后，松了一口气，想想自己在北京，其实也就上了个大学，再待了两三年。

师妹问我，会不会觉得北京竞争激烈，空气堪忧，交通极其拥堵，生活质量很差？

会啊。

当我在早高峰挤地铁，在限流的双井，排好长队，终于走进地铁站，看着三四趟地铁开过，而我依然上不去的时候，我觉得我为什么要待在北京。

去年下半年，一度PM2.5爆表，空气里都是烧焦了的味道，从金台夕照地铁站走出来，都看不到可爱的大裤衩的模样。我戴着口罩，帽子风衣把自己裹得严严实实的，我在想我究竟还能在这个城市里待多久。

当每天上班下班，疲于奔命，回到家整个人已经瘫倒在床上，极其困难地再挣扎着爬起来，在做饭与叫外卖之间做着艰难的抉择，依然拿出手机，点开"饿了么"的时刻，以及外卖送到后，自己一个人在租来的房子里，对着电脑看剧，吃着一堆由味精组成的外卖的时候，我简直想明天就搬回苏州。

在大城市生活的你，是不是也一样？

每天天还没亮就挤着地铁，然后疲于奔命，开不完的会，做不完的ppt，忙忙碌碌工作十小时以上，又挤着晚高峰回到破败的出租屋里，此时已经晚上八点，力气耗尽，只剩下能够叫一个外卖的力气，然后吃着外卖，看一个剧。

你是不是也这样，日复一日，年复一年，在所谓的大城市里生活，茫然地看不到尽头？

[3]

我的好多大学同学,特别是江浙沪的同学,都在毕业后的五六年里,离开了北京。

槽点无非就是以上说的这些,大家急切地回到温热的南方,回到爸爸妈妈身边,下班回家有家里烧好的热腾腾的饭菜,开车上班虽然也堵,但不至于像北京那样令人绝望。时不时的赏花踏青的假期,全家出游,一壶小酒,几碟小菜,美滋滋的江南生活。

我时不时就会被朋友圈里的江南生活给打败了,去年下半年,我几乎每个月都不厌其烦地坐着高铁回家,享受片刻的江南时光。

在来来回回的京沪高铁上,我一直在想,难道真的是大城市的问题吗?

真的是北京的问题吗?

是北京让我们过着极其将就,糟糕透顶的生活,每日人烂心更遭么?是这个城市的拥挤,肮脏,以及大得令人绝望,让我们不得不局促地居住在狭小的房子里,忍受着憋屈的居住条件?

如果以上答案勉强还确实是北京的错,那么难道,也是北京让我们每天每天地叫外卖,每天匆匆吃几口饭,然后抱着电脑过一晚上吗?

然而某一天,我看见一个闺蜜的朋友圈,突然惊醒。这哪里是什么大城市的问题,这分明是我们的问题。

[4]

闺蜜居住在杭州。

某一天，她在朋友圈发了一张大闸蟹的照片，写着如下一段文字。

"幸福是外面下着雨夹雪，锅里陈年花雕煮着大闸蟹咕噜咕噜冒热气。喝一口温热的黄酒，再开窗探出微醺的脑袋深吸一口干净的空气。"

这画面感如此之强，不愧是广院的姑娘，无论在各行各业，描述起来，都是可以用几个特写镜头连起来的电视语言。

虽然这是典型的江南画面，但是直到看到这个朋友圈，我才明白，生活的好，与不好，和你生活的城市并无太大的关系。

你一样可以在我心心念念的江南每天叫着外卖，也可以和我闺蜜一样，即使一个人吃着大闸蟹，也可以有此般意境。

都是你我自己的选择。和北京无关。和杭州无关。

或者，即使你生活在江南，你照样闻不到桂花飘香，照样只会在雨夹雪的夜晚，抱怨南方的湿冷，出门去一趟超市回来就已经湿了鞋袜。

[ 5 ]

回到广院师妹问我的话题，快研究生毕业的她，在考虑留不留在北京的时候，考虑的是机会，是竞争，是分秒必争的职场，然后考虑的便是房价，是空气，是拥堵的环境。

每个想要在大城市里生活的人，想必不断权衡，不断分析利弊的，不过就是这几个因素。

师妹不停地问我，自己适不适合在北京工作生活，或者说，什么样的人才适合在如此竞争激烈的城市中生活。

在看完闺蜜的朋友圈后，突然就有了答案。

所谓的房租房价，工作机会，生活成本，大家面临的困难或者说挑战是一样的。比的是智商，情商，比的是综合实力。而这些硬实力研究生毕业，你已经具备，思维方式，工作模式，已经基本成型，想要改变也已经不是一朝一夕的了。

那么什么因素往往被我们所忽略呢？

我觉得，每一个想要在所谓北上广打拼的人，都要问自己一个问题，你会照顾自己吗？

你能不能照顾好自己？

[ 6 ]

这才是你在大城市生活的第一步。

你能不能在加班到深夜，回到家，依然能给自己煮上一碗热气腾腾的面，打个鸡蛋，放几棵青菜，而不是匆匆打开一盒泡面。

你能不能每天清晨依然能早早醒来，在楼下跑上半个小时步，在家里吃完营养早餐，从容不迫地去坐地铁，而不是每天饿着肚子挤着地铁，到十点饿得不行的时候，塞两块饼干，从来都不知道早饭是什么意思。

你能不能周末在家烹煮打扫，把小小的房间收拾得满屋芬芳，哪怕再小的出租房子，也能收拾出一个角落，舒舒服服地窝着看书，而不是等到没衣服穿了，才把一大团衣服都塞进洗衣机，衣服晾满了整间屋子。

这才是在大城市里打拼的软实力。

比你一个年薪多高的工作更重要的软实力。

不要等到生活过得一团糟的时候，就开始埋怨大城市。大城市的缺点虽然显而易见，但更可怕的是，高压力，高物价的大城市会一再放大你不会照顾自己的缺点。

因为没人会在你加班回到乱糟糟的出租房子里，还会给你下一碗面条。

你只能一日一日地任由自己的生活不受控制，任由自己勉强居住在一团糟的屋子里，过着一团糟的生活。你又如何会有心情在北上广竞争激烈的职场上打拼？

而等到你梦醒时分，想要为乱七八糟的生活找一个罪魁祸首的时候，你自然第一个就想到了大城市的那些客观的不好。

所以，每一个你顾影自怜地抱怨北上广不好的夜晚，其实应该讨厌的是那个无能的自己，是连自己都照顾不好的自己。

亲爱的刚毕业，或者即将毕业工作的你，相信我，你们的智商情商都不是问题，不用纠结于一而再，再而三地权衡大城市的利弊，而要好好学会照顾好自己，然后你才能爱自己，爱生活，爱大城市的机会与挑战，爱大城市丰富绚烂的生活，以及在大城市里好好地爱别人。

# 你若是对自己要求严格，别人又怎么能够对你严厉苛责

[ 1 ]

一位年轻的朋友小美跟我抱怨，说自己总是遇不到包容、善良的好人，自己身边多是一些苛刻、善指责的人。

同一个办公室的女同事经常挑剔她表格做得不好，影响搭档的工作效率。别人迟到，领导只是象征性地批评下。而她偶尔迟到一次，领导就那么严厉，还让她交罚款。最近，就连一直口口声声说会爱她一辈子的男朋友也似乎开始有些嫌弃地让她去减肥，还教育她说管不住自己的嘴的胖子都是颓废的人。

小美沮丧地说，自己看到的这个世界糟透了，身边的人可以包容别人，却唯独容不下自己的那些小缺点。

在她跟我抱怨之余，我问了她几个问题。是不是女同事的表格做得很棒？是不是领导包容的那个迟到的人经常加班，而她总是按时打卡下班？是不是比起刚认识男朋友那会儿，她越来越胖了？

小美都一一老实地承认了。由此，我想起了几年前认识的一家大型上市企业的品类总监。

[ 2 ]

那位品类总监是一位女性。我认识她的时候，她三十多岁。作为一家大型企业的品类总监，她却只是高中毕业，没什么学历。年纪不算大，在职场位居要职，却没有受过高等教育，这并不多见。

后来接触的多了，也听说了她的一些故事。她高中一毕业就去一家百货商场站专柜，做销售。上班第一天，她的主管对她说，如果她没有戴眼镜，那就更好了，整体气质就会提升一个档次，也会给顾客留下更好的第一印象。

于是，她决定摘掉框架眼镜，戴隐形眼镜。但是，她的眼睛一戴隐形眼镜就会发炎、红肿。医生建议她还是戴框架眼镜比较保险。然而，只要她认准的事情，她就一定要做到。哪怕是眼睛红肿、流泪，她也坚持佩戴。有时因为红肿太厉害，怕吓到顾客，她就上班戴框架眼镜，下班回去换上隐形眼镜，让自己继续适应。

建议她摘掉框架眼镜的主管看到她这么较真，又这么辛苦，颇有些不好意思地劝她说，其实戴框架眼镜也没什么不好，显得知性，现在很多人都把眼镜当成佩饰呢。她听了只是笑笑，继续坚持适应隐形眼镜。几个月下来，她终于适应了，成功摘掉了框架眼镜。直到现在，她一直都戴隐形眼镜。

在接下来的几十年的职业生涯中，她的工作中处处都体现着对自己的这股狠劲。只要是她看来不完美的，她就会想办法去提升。所以，在公司的晋升评定中，她的不可替代的杰出表现总是能战胜晋升标准里面的那些硬性条件，譬如学历。因此，表面看起来，她的职业生涯一路绿灯，让很多觉得她有不可改变的"硬伤"的人都觉得生活对她未免太过包容了。

不仅工作上，她收获了更多善意。她的家庭也很美满，没有所谓的女强人就会有的支离破碎的家庭。她婆婆像疼女儿一样疼爱她，她老公对她一直保持最初恋爱时的温度。这是因为，她在生活中对自己也是足够的狠，不纵容自己对亲情、对爱情的松懈。

[3]

所以，不是这个社会对我们太挑剔，而是我们太懂得心疼自己，不舍得自己受一点点苦。我们怕自己累到，拒绝加班，明明有工作堆积在那里。

我们每天一下班就会沉浸在各种娱乐方式里面，美其名曰犒劳自己一天的辛勤劳作。然而，当遭到这个世界白眼的时候，我们又不太懂得反省，反而把抱怨当反击，怪世界太无情。

看到新闻报道里面，有人猝死，有人过劳死，我们就开始大呼小叫地说，人生苦短，人活着要对自己好一点，不要太辛苦。

可是，要追的剧，我们还是一部不落下，哪怕通宵熬夜也一定要追完。要参加的聚会，我们一场都不错过，哪怕深夜里吆五喝六，喝得酩酊大醉。若对堕落包容和给予善意，那就是这个世界的"有眼无珠"。

我们在该心疼自己的地方太用力，在该对自己狠一点的地方却又太心软。况且，很多时候，对于我们而言，所谓的对自己的狠，真的不值一提。也只不过是把大把刷朋友圈、看泡沫剧的时间稍作减少，用来自我充实而已。

一个人这一生要吃的苦，大抵是平衡的。年轻时过于安逸，年纪渐长就只剩下"少壮不努力"的悔恨。在自己这里过于舒适，在别人那里难免会受些鄙弃。反而言之，你若是对自己要求严格，有自己的底气，别人又怎么能够对你严厉苛责？

[ 4 ]

当然，有时并不是对自己狠的人，就一定收获了多于常人的善意。

更多的时候，只是因为，他们把关注点从别人的认可转移到了对自己的提升。他们的眼里更多的是自己的不完美和自己真正想要的，而不是别人的褒扬、包容，所以他们感受不到来自别人的"不善"，却反而更容易体验到别人所给予的善意。无所期待的收获，总会给人更多的温暖体验。

正如《月亮和六便士》里的思特里克兰德那样，一心沉浸在自己想画画这件事上，狠心抛弃其他所有对他来说是"累赘"的身外之物。当身边的人认为他的行为不可理喻，进而对他冷嘲热讽时，他从来感觉不到任何的恶意。因为，他的心里只有要画画这件事。

同样道理，在自己的小世界里过得过于安逸和轻松的人，大抵是比较脆弱、不堪一击的，别人没给予自己所要求的那个温度，就会感到是一种伤害。

所以，当感觉到来自四面八方的人对自己的苛责时，你是不是已经跟不上身边人前进的步伐，被人远远地甩在了身后？或者，是时候把注意力真正转移到自己身上了，淡化来自别人的不良体验。

# { 我们都要经历一段沉默而充满力量的奋斗时光 }

［1］

听过一个学长的故事，这个学长曾在国内一流大学上学，大二时特立独行发现了一个商机，扔下所有课程开始一个人在社会上积攒人脉寻找合作者，一年后赚入一笔资金，敏锐的眼光和过人的魄力让他获得了同龄人羡慕嫉妒恨的成功。木秀于林，风必摧之，他开始受到一些朋友的排挤，并且到处散布他不好的谣言，老师和同学都认为他不务正业分不清轻重。他最后无法忍受这样的生活，即便获得再大的成就回到校园里得到的不是认可而是鄙夷和否定，他没有顶住压力，退出了生意回到了校园，重新开始了和其他同学一样每日上着对自己其实根本没有意义的课程，偶尔和朋友一起挥霍下青春的校园生活，眼看着自己一步步从优秀回到平庸。

在中国就是这样，唯有中庸才能获得一个较为平衡的生活，可是成功和才华从来不会眷顾中庸之人，是一辈子碌碌无为活在人群之中，还是忍住孤独顶住质疑走出一条自己想要的人生，你要自己做出选择。

你以为你不扫朋友的兴，努力和大家打成一片，可其实这是荒废自己的年华浪费自己的青春。现实是当毕业多年后曾经的同学再相聚到一起，有人考上研究生，有人进了知名企业，有人创业成功，有人每月拿着稀薄的工资混日子，有人过着得过且过的生活，有人至今还未确定未来的道路，有人在不停的抱怨生活的不公，有人在豪情的讲述着自己人生的精彩。

你要做哪一个？

人生最痛苦的就是后悔当年不曾为了梦想而勇敢的闯荡，最遗憾的便是不曾为了未来注满热血，放手一搏。最需要的就是一个人过一段沉默而执拗日子，沉浸在自己孤独而充满力量的奋斗和努力中。

[2]

大学前两年时，自己总是真心对待每一个朋友，在意每一个人的感受，一边努力加快成长的脚步，一边又怕因为自己只顾着向前奔跑忽略了他们。很多时候明明自己已经累得精疲力尽还是对每个朋友有求必应，明明自己心里憋下很多苦衷无处诉说还是去尽力安慰每一个前来倾诉的人，只是不想让他们感到被冷落，彼此产生距离。总是努力的维护好每一个朋友，尽力珍惜住每段友谊，可自己却活得越来越累，身心疲惫。

看过一篇有关心理学的文章，文章里说如果一个人过于在意朋友的感受，对任何人都有求必应慷慨相助，哪怕自己受苦受累受伤害也不会对别人说"不"，这种对他人太过无私的性格其实是一种病态。而这种无私和善良的迎合态度最后伤到的是自己。

在意每一个朋友的感受，注定自己不好受。总是无私的背后通常是内心的痛苦、空虚、矛盾、强烈的迷茫和焦虑，当给予与迎合成为活着的理由时，那人就不再是人了。

过分取悦他人是一种泛滥的善良，更要付出最后由自己一人来承担的高昂代价。而如果一个人太过顺从，不能为自己挺身而出，没有自己的声音，那最后只会受人欺负。

如果一个人总是处于一个逆来顺受和付出的角色，有一天只是因为自己的疲惫实在无法承受而拒绝一次，那么这个人就会一下在别人眼中变成了自私冷漠之人，别人更会指责他"你变了，现在的你怎么成了这样"这就是人类的惯性思维。电影中那些作恶多端，冷血自私之人在最后做了一件帮助他人的事情或奉献一次自己时，大家便会被深深感动，不禁感叹"原来他是个好人，原来我们都误解他了。"

当大家心中的老好人太苦太累，最残酷的是他会渐渐被大家忽略自己的感受，他逐渐在别人眼中成为了一个没有烦恼和痛苦的无敌金刚，而心里的苦衷只能自己往肚里咽。

总是顾及每一个人的感受，就会逐渐活在对拒绝和失去的恐惧中，时常自我责备却又无力抉择，并且逐渐对周围的人患得患失，对人际关系缺少安全感，内心充满自卑和无力感，害怕有一天被孤立，逐渐失去自我。

这些人明明是你的朋友，可你却因为他们在成长的道路上受到了牵绊和束缚。

朋友，是自己选的亲人。真正的朋友无论在你落魄还是荣耀时都会一如既往的支持你，无论你做出怎样的抉择都会鼓励你相信你，你一句话不说他也会明白你心中的苦闷与快乐。你的苦衷在他面前从来不需诉说，他会在你看不到的地方悄悄帮助你，默默支持你。无论曾经的你是什么样，未来的你是什么样，在他眼里你从来都还是那个最简单的你。

而那些只会在你身上一味索取的人，总是要求你如何的人，远远称不上朋友二字。真正爱你的人，会用你所需要的方式去爱你。不爱你的人，只会用他所需要的方式去爱你。

那些总是说"你变了"的人，只是因为你没有再按照他们所给你设定的轨迹生活而已。真正的朋友永远是无论嘴上如何骂你，可在心里始终包容你的缺点理解你的苦衷，希望你过的好的那个人。不需要每日的酒肉陪伴，不需要那么多的问候和寒暄，需要他时，一个电话，就会走到你面前陪你披荆斩棘。记住那些一直陪伴着你懂你的人，忘记那些说你变了远离你的人。

　　成长的道路上不要让"朋友"牵绊了脚步，而那些牵绊你的人也算不上真正的朋友，不要也罢。

　　只有你变得足够强大，才可以保护好你爱的人。这个社会太多险恶和残酷，不走出温暖的校园是不会感受到的。爱一个人不是每日的甜言蜜语和酒肉陪伴，而是自己的发愤图强。你是想多年后看到他们受到伤害时只能坐在她身边陪她流泪，还是想要自己有足够的能力给他们欢笑和保护。

　　最好的友情，不是陪伴。而是你有足够的能力在他们需要你的时候给他们最大的帮助和支持。

　　只有懦弱的人才离不开群居的生活，而活在人群之中只会逐渐被同化，磨灭你的斗志，扰乱你的思想，放慢你的脚步，打碎你的梦想。

　　一个人的成就、坚强、睿智、冷静、气度，都是和他所忍受过的孤独成正比的。岁月会强有力的证实这句话。

　　我们之所以会感到困惑和痛苦，之所以会如此在意身边的朋友，根源都是我们的善良，自私自利之人是永远不会有这些共鸣的，但是如果因为善良而伤害自己，连自己都不懂得爱护那又何为善良。

　　要回应别人的需求，要尽力的去帮助周围的人，但前提是不能为此违背自身意愿。人要学会爱别人，但首先要学会爱自己。

　　你所有的焦虑，对自己所有的不满意和迷茫，都是因为你和梦想的距离越来越远，和理想中的自己差的越来越多，能改变这一切的只有你自己，谁也帮不了你。你要清楚，成长的路上注定是孤独的，变强的路上注定是沉默的。成长容不得你的等待，更没时间让你踌躇。

去努力的为自己的未来向前奔跑吧，人生就是这样一条充满残酷和矛盾的旅途，我们谁也无法逃避。那些真正爱的人终会理解你，而那些不爱你的人也自会在这条旅途上被甩下，不用回头也不用叹息，就当是一个自然筛选的过程。人生知己二三便足矣，在意的人太多反而会丢了那些真正爱你的人，还会丢了自己。

# 第五章

## 新的思维带来新的成就

# 如果你不能适应苦难，苦难就会绑架你

## [ 1 ]

参加工作第一年的时候，我经常在下班的时候回到家里的楼下吃麻辣烫，一是因为薪水不高，这样一顿在城中村大排档的晚餐很省钱，二是可以顺便满足我喜欢吃各种蔬菜的需要。

一开始的时候我会约上一个女生同事H小姐跟我一起，这样也不至于太过孤单。

只是有一个奇怪的现象就是，每次我们吃着麻辣烫聊天的期间，H小姐总会告诉我一句，你知道吗？我觉得我都不配吃这一顿饭。

我问为什么。

她回答，我爸妈现在在外地打工，一想到他们这么辛苦，我就很心酸。

我于是安慰，他们有他们的不容易，但是我们的生活也要继续过是吧。

H小姐继续说，可是我一难过就吃不下，这该怎么办？

我第一次被这样的话噎住了。

虽然我说不出来感觉，但是那顿饭吃得我很难受。

后来在公司吃午饭的时候跟H小姐一起拼桌，每一次她也都必定唉声叹气一句，你看我坐在这么舒服的办公室里吃饭，可是我爸妈一天三餐都吃得很狼狈而又不体面，我觉得自己太没有用了！

……

[ 2 ]

时间久了,我就渐渐地躲开了跟H小姐一起吃饭的机会。

年底的时候公司组织去海边举办晚会,统一订的是海边的酒店,两个人一间,我跟H小姐分到了一个房间。晚上活动结束的时候回到酒店,我打开了空调跟电视,因为带了精油准备泡澡,于是我去卫生间的浴缸里开水。

就在流水哗啦啦地响起来的时候,H小姐问了我一句,你不觉得我们现在很奢侈么?

我想都没想就回复了一句,这是公司的福利,也是我们辛苦一年的收获,再说酒店已经付过钱了,这些设施我们都是可以用的呀!

这番话说完,H小姐突然很严肃地跟我说,你看我们住在这么好的酒店里,这么舒服的大床,可是我一想到我爸妈在工厂里住着简陋的员工宿舍,我就觉得自己在这里游玩的不安心。

也是在这一刻我才意识到,以前我觉得H小姐只是因为成长环境造成了自己的自卑心态,这一点我可以体谅。但是经过这一夜之后,我突然意识到,她的思维已经不仅仅是单纯的负能量了,而是扭曲到有点自我加重痛苦的状态了。

什么叫做自我加重痛苦?就是无限制地放大痛苦本身,以至于甚至影响到了自己的日常吃喝拉撒睡上面了。

[ 3 ]

这种状态我经历过,而且持续了近十年。

我父母都是事业单位的员工，在我上初中那一年两人就下岗了。因为没有其他的谋生本领，加上我父母吃惯了大锅饭的思维使然，也没有多少经商的头脑，于是只能靠熟人的引荐做一些体力活，收入也不过几百块。

这个收入可能跟更加贫穷的山村家庭来说不算可怜，但是就我们家庭这个个体的发展而言，相当于是一夜之间发生了翻天覆地的变化。

没有了正常的收入，于是从那个时候开始，我就觉得家里的气氛开始变得很沉重，我第一次意识到了什么叫做贫贱夫妻百事哀。

我父母并不是那种格局观比较开朗的人，家里穷就是穷，他们会赤裸裸地告诉我，从来没有考虑我那个年纪的我能不能消化，价值观会不会受到影响。

也是因为这样，我开始了漫长的自卑成长期。

每一次开学的时候，我都会被告知，这一笔钱是向谁谁谁借来了，也不知道你明年还有没有机会再去读书了。

每一次我想买一件新衣服的时候，我妈就会告诉我，如果是以前有固定工资的时候，我一定会马上答应你，可是今日不同往日了……这段话的意思就是，我要体谅他们的不容易。

这样的小细节还有很多，所以长时间的贫穷冲击之下，我每次在学校上学的时候压力很大。

考试成绩不好的时候会自责，这种自责不仅仅是因为自己的不够细心认真，而是会无限地被放大到：我的父母辛辛苦苦送我上学，我怎么可以这么不争气？

后来到了大学，因为见到了更大的世界，所以格局观跟价值观也被冲击得七零八碎。每次跟同学一起出去游玩的时候，我就会很自责，觉得家里的父母很辛苦，我应该做的事情是认真上课，剩下的时间就呆在图书馆里好好复习。

也就是说，我觉得我自己配不上跟那些同龄人一样的，可以参加社团、可以学一门乐器，可以出去聚餐、可以去唱KTV等等一切的休闲活动。

在别人眼里这些再正常不过的大学生活，会让我有一种负罪感。

[4]

回到前面那个女同事H小姐的种种行为，活脱脱的就是当年的我，我试图安慰以及帮助过她，但是她自己始终无法走出来，所以后来的日子里，我只能选择慢慢地疏远了她。

前段时间网上有个观点很流行，"父母尚在苟且，你却在炫耀诗和远方"。

说的是一些家境一般的学生党，看到别人游山玩水便心生羡艳，但是因为还没有经济独立，于是义正辞严地向父母伸手要钱，并美其名曰："生活不只眼前的苟且，还有诗和远方。"

这个观点我是赞同的，并且延伸下来可以给出相同的参考逻辑。

比如一个要父母贷款几十万出国留学读博士的人；比如家里一贫如洗自己还要考研究生的人，或者是高考复读了很多年也要死磕非要上重点大学不可的人，还有想买个上万块钱的奢侈品的人。

这些案例里的主角，我给出的建议一般都是否定的。

家里处于收入很少甚至家境贫寒的人，在有了一定的教育文凭下，最好是先就业再谋发展；高考很多年都没有考上理想大学的人，如果有另外的调剂机会也可以接受。

我们是要追求梦想，但是你也要学会及时止损，你要明白什么部分是耗不起的。

至于那些只是为了所谓的虚荣心要买一些大牌来装气质的女生，我有时候也会为她的父母感到悲哀。

虽然我知道钱在她手里我没有资格评价她怎么用，但是我希望传达出来的价值观是，在自己收入没有多少的时候，勉为其难地追求所谓高大上的品味是没有什么必要的。

也就说，我并不鼓励盲目的提前消费，以及用父母的艰辛付出与苟且作为自己虚荣生活的代价。

[5]

但是另一方面来说，我也并不提倡被父母的艰难生活作为道德绑架，就像我的同事H小姐一样，时时刻刻沉溺在一种极度的自责心态中。

你可以在心里体谅家人，你可以默默积攒力量，但是放到具体的生活跟人际交往中，一味地描述以及强调贫穷跟苦难这件事情，就会跟H小姐一样，成为那个在聚会上、在饭局里让我们觉得扫兴的人。

前阵子我收到一个女生的留言，说的是自己读大专，马上面临是升本还是出去找工作的选择。女生说因为觉得父母老了，觉得他们很辛苦，心疼万分，于是不想再向他们伸手要钱，所以她非常急于出去挣钱养活自己。

"不想再伸手管父母要钱了。"这是大部分大学生以及年轻人都会考虑的一个问题。

我们都知道大部分的中国家庭里，我们的父母谋生都是比较辛苦的。

无论是做生意还是有稳定的单位，只要不是大富大贵型的人家，大部分也都是过得节俭而克制的，于是等到自己长大以后，当然也能体谅到父母的不容易。

但是我想表达的是，仅仅游浮于表面上的痛苦跟自责，是没有任何意义的。

拿我自己来说，当年读书的时候，每一次当我拿着到处借来的学费去学校报名的时候，我没有一次不在心里恨过自己，并且无数次地在心里想着，我不要再花我父母的钱了，我要外出打工，我要改变家里的环境。

这种情绪积攒到大学的时候开始迸发，我一次次地怀疑读书这件事情有没有用，上大学有没有用，我带着很沉重的负罪感过了四年的生活，我非常的不快乐。

[ 6 ]

最极端的爆发点是我工作第二年的时候，我妈因为高血压脑充血昏倒，然后被送进医院。我是事后才被告知的，所以可想而知我有多自责，特别是放大到万一这一次就是永别的念想，这种感觉让我很后怕。

可是痛苦归痛苦，还是熬了过来。

我的解决方式并不是马上辞掉深圳的工作，然后回去一直守着我妈。这种孝顺是短暂的，也是痛苦的。

因为如果我做出了这个选择，意味着我的收入会减掉很多，生活会过得更艰难，并且有可能会放弃了我想要的人生。

我选择回到深圳更加努力工作，赚更多的钱，于是有了更多的假期以及路费回家，于是给家里换了个大房子，于是帮我爸妈买了保险，现在他们有了退休金。

老人家操心的部分少了，身体自然也好了起来。

对于我而言，这才是具有实际意义的孝顺之道。

很多人都在孝顺父母跟选择自己喜欢的方式过一生的逻辑里陷入两难，我一般给出的建议不是以父母为先，而是要以后者为先。

也就是说，你得先明白自己的生活想怎么过，然后再用自己的能力去尽孝。

这些事情没有人会帮你解决，你要么迎难而上，要么一拖再拖。在尽孝跟追求自己想要的生活这两者之间，我已经做出了我能够努力的部分，我问心无愧。

经过这一件小事之后，我以前经常纠结的状态就慢慢调节了过来，于是也开始平和了起来。

这种平和体现在，我知道我的父母正在慢慢老去，我知道我要努力奋斗才能赶得上他们老去的速度，我知道我要挣更多的钱去改善家里的境况，这种报答报恩之情，我是一直放在心里的。

但是我不会时时刻刻想着这件事情，有时候我会淡化掉父母过得不容易这件事情。因为上升到人生长河的大格局上来说，众生皆苦，我的父母也不过是这受苦中的一员，这是这个世界里很公平的一件事情。

这个思维角度很有用，它会让我在花钱的时候学会理性规划跟克制，让我看到其他同事各种扫货跟旅行游玩的时候，不再让我有羡慕嫉妒的心态，而是会告诉自己，我的自主选择权可能要晚一点，不过没关系，我愿意等。

这个思维角度的另外一个好处，就是我开始学会了享受当下。比如说我辛苦了一阵子给自己一顿大餐几件新衣的犒劳的时候，我的出发点变成了这是我理所当然可以得到的部分，而不会突然跳出那个"我的父母还在受苦，我不能这么浪费"这个扭曲的逻辑上。

我学会了接受苦难，但是我并不会放大苦难。

作为一个成熟的人，我们应该知道任何事物都是有两面性的，苦难也一样。

苦难在积极方面的意义就是可以磨练一个人，让你变得更加强大。但是另一方面就是，如果你不能适应苦难，你陷入了时时刻刻讨伐自我的极度痛苦中，那你就会被它彻底绑架了。

[ 7 ]

知乎上经常探讨穷养孩子跟富养孩子的话题,我一直觉得这个主题很大。

就我个人的成长经历而言,我觉得将来养育自己孩子的时候,我不希望告诉他父母挣钱很辛苦所以你要对得起我们,我更想给他传达的观念是,我们挣钱不易,所以才更要学会珍惜此刻当下的一切。

一边解决生活难题,一边吃好睡好认真享受人生,这样的生活才是不扭曲的,这才是我们平凡人的理性生活方式。

亲情从来都是我们这一辈子最甜蜜的负担,尤其是跟父母的恩情部分。每一代人的传承都有无数的苦难跟琐碎的艰辛,我们觉得自己对父母的报答还不够,就如同我们将来的孩子也会觉得报答我们的恩情还不够。

如果可以的话,我希望自己将来成为一个比较独立的母亲,也就是我付出养育孩子的物质跟心力,这是我一开始在他出生以前就做好的选择。

这是我心甘情愿的选择,所以我并不希望这一切会成为孩子的负担。

我生你,我养你,我愿意。

你报答,你感恩,我感激万分。

回报父母的最好方式,是你自己过得好起来,你得先成为你自己。

## 打破常规，创新求变，你会拥有更多的成功

挂面问世以前，人们都是在家里现做现吃，有人挑战规则：为什么不能做一种可以出售的成品面条呢？于是，挂面出现了。后来，有人根据人们生活节奏加快、食品快捷化的特点，又向规则发起新挑战：为什么不可以把面条煮熟再卖呢？于是，方便面成了市场新宠。

打针为什么非得用针头不可呢？美国加利福尼亚大学的研究人员发出疑问。他们用超声波代替常规的注射针头，使涂在人体表皮上的凝胶状药物，从细胞的缝隙间渗入血管，实现了"无痛注射"，而且皮肤细胞没有遭到破坏。

书为什么非得用纸做不可呢？日本索尼公司发出疑问。他们研制发明了便携式激光光盘。这是一本无纸的书，它所用光盘的记录密度极大，一张9厘米直径的光盘，可以记录5本大辞典的内容。

自行车为什么非得用链条不可呢？德国一家公司发出疑问。他们利用万向轴，对一个5档轮毂变速器发生作用，从而发明了无链条自行车。

照相为什么非得用胶卷不可呢？美国柯达公司发出疑问。他们在全球最先推出一种数码相机，以与计算机储存数据相同的方式储存影像，可直接把影像输入网络，也可用计算机把影像放出来或者冲洗出来。

开刀为什么非要用手术刀不可呢？20世纪80年代开始，人类用超声波治疗肾结石患者，不用开刀，用超声波将结石打碎，然后排出体外；利用微型内窥钳，可以把直径小于1毫米的导管插入人体内，进行组织切除、血管修复、

止血、缝合伤口、定位给药等医疗处理。

还有很多这样的事……

世界是如此的浩大，我们谁也无法穷尽其真理，这就注定了探索是一个永恒的过程。只有不拘于常理，不事事顺应潮流、听天由命，敢于打破常规、改造环境的人，才能获得成功。

打破常规需要魄力和勇气，需要远见卓识，需要承担风险和忍受痛苦。各种导致社会变革的新思想，最初往往被人们拒绝，甚至曾经是不符合法律的。进步总是时时与传统发生冲突。爱迪生、福特、爱因斯坦以及莱特兄弟在取得成功之前，都曾因标新立异而受到人们的嘲讽。

世界不是静止的而是动态的，并由此变得复杂，变得缤纷多彩。诚然，改变自己的固有习惯，是一件非常痛苦的事情，无论是对于一个个体、一个企业还是一个国家，都是如此。而人世间，没有任何成就感能够比得上创新成功后所带来的喜悦。

打破常规，创新求变，你会拥有更多的成功。

# 将生活磨砺出微光

[1]

　　一直以来，萧然都觉得生活过得太容易了。从小到大，所有她想要的父母都会满足她。20岁的她便开着玛莎拉蒂出现在大学的校园里。她就像是一个备受瞩目的小公主一样，在别的姑娘还为买一个包包不停地攒钱的时候，萧然已经能够理直气壮地对别人说："本姑娘就是有钱，你看不惯我又能怎样？"

　　24岁大学毕业的她，因为不想被朝九晚五束缚，就宅在家里开了一家网店。她开网店并不用心，三天打鱼，两天晒网，大部分时间都在和好朋友吃喝玩乐。她觉得自己的人生一直会这么无忧无虑下去。"活在当下，享受青春"就是她的生活宣言。

　　直到她的爸爸破产，一夜之间，房子、车子都抵押了出去。

　　一向高调嚣张的萧然沉默下来。连续两个月，她都没有参加过一次集体活动。在空荡荡的家里，她看着自己满地的名牌包包、限量版的高跟鞋、昂贵的珠宝首饰，突然发现，没有一件是自己挣来的。她自以为光鲜的生活在一瞬间变成了灰色。

　　当萧然和爸爸妈妈搬到一处租来的60平方米的房子中，看着已经50岁的爸爸和妈妈，萧然突然觉得，自己为他们付出得太少了，她只懂得一味地索取，一味地依赖他们，而回报他们的只有自己的不懂事。

这么多年，自己究竟学到了什么？她不知道。

她给闺密打电话，帮她找一份工作。面试的时候，她被那么多的竞争者击败。

从来没有什么工作经验的她，四处碰壁。

好在她学过画画，终于在一家小的陶艺工作室找到了一份工作。那个工作室很小、很昏暗，没有空调，没有暖气，冬天要生火烧炭，夏天只有电扇，有时为了避免尘土扬起来，工作人员干脆忍着炎热。

刚开始，萧然在给陶瓷上彩绘的过程中也遇到过许多问题，期间的失误和反复让她心力交瘁。大概一个月之后，她成功地完成了第一只彩绘陶瓷，虽然只是一只陶瓷小碟，萧然给它上完了色，拼起来平放在桌上细细端详。碰到它的那一刻，萧然感受到了它的温度，眼泪就噗噗地掉了下来，止也止不住。

她哽咽地捧着第一只彩陶成品回到家，不知为何觉得特别开心，比买了一件昂贵的衣服都开心。她对妈妈说："妈，你放心，我一定会努力赚钱，让你们过得更好。"

[2]

萧然更加努力工作了。在起初的一年时间里，她几乎整天都在工作室，没有娱乐，没有应酬，没有抱怨。

她觉得自己重新体验了一次青春，那也是她人生中非常重要的一年。在日复一日枯燥重复的过程中，日渐平静下来的身心让她愉悦起来，萧然的毅力也和手里的泥团一样，一点点有了自己的灵魂。

那会儿，萧然最开心的时刻就是每天傍晚收工之后回家的路上，看着路灯一盏盏亮起来的光,听着耳机里播放的歌曲,心里无比踏实。

第二天,她在6点钟准时醒过来,睁眼看到的是天花板。生活很枯燥,没有灯红酒绿,没有名牌包包,但是她心里却出奇地平静。她知道自己虚度了太久的光阴,说起来桩桩件件历历在目,当年的狂妄无知如今早已不知去向。

后来,她回想起来,觉得这段终日劳作、沉默寡言的独处时光弥足珍贵,仿佛她在最绝望的时候,找到了一条属于她的河流,那里什么都没有,只有一只没有人的小船,她所做的事就是一点一点地划桨,找到一条可以重新出发的路。

两年后,她终于成了一名彩绘陶艺师。

或许我们所期待的明天,看起来遥不可及,而我们当下的每一个小努力,似乎都不值一提。但执着的人,注定会在岁月的淘洗下,雕琢内核,茁壮筋骨,将生活磨砺出微光。

[ 3 ]

知名主持人鲁豫在自己的演讲中说:"人生只有苦,你才明白什么是甜。很多时候艰苦的人生,在我看来更有魅力。"

每个人都行走在自己的轨迹上,日复一日,步履匆匆,但是在平凡的生活中,也希望我们能找到让自己心情愉悦的事情。

万家灯火,一日三餐,人情冷暖。天空和流云,善良和信仰,成就与磨难,在多变的生活中找到无数个自己。

这世界,不是每个人都能坚持一项看似枯燥无味的工作,但是我们应该尽量用心而活,纵使不能抵挡黑夜的来临,我们也要站在星空下仰望光明。我们都要以自己的感知去努力生活，立于尘世中央，来去自如。

无论命运拐了多少弯，我们也要心存希望，努力坚持，我们才能走进熠熠生辉的明天。

## 摔跤后，记得笑着爬起来

我有一个学姐，她是我见过最优雅的女生。她永远妆容精致，衣着得体。熟人的party中，她是笑得最和暖的那一个。但一工作，瞬间显出强大气场，走路带风，干练自信。有人看着学姐一天一个名牌包，小半月不重样，就在背后嗤之以鼻，"还不就是个含着金钥匙出生的白富美"。

只有我知道，为了变成今天的自己，她曾经有多努力。学姐说，当我们小时候在吃披萨的时候，她极有可能正在啃豆腐菜——一种在西南乡镇随处可见的野菜。

她爸是个浪子，赌博，酗酒，不务正业，是"及时行乐"和"今朝有酒今朝醉"的坚定信奉者。她妈妈本是个温顺善良的传统中国女人，但某次发现酒鬼丈夫多了个酒后打娃娃的毛病后，便毅然决然离了婚，带着她独自搬到镇上。

在那个封闭保守的地方，离婚等同于罪孽。从妈妈在镇上卷尺厂上班的第一天起，就不断有奶奶家那边的亲戚找过来，各种人身攻击，各种撒泼式的辱骂，言语之粗鄙，让她妈在车间羞愤到无地自容。没过多久，她妈在上班时一出神，就把手指头砸断了。

那年她5岁，追着那辆载着她妈去医院的三轮车，一边哭，一边跑。那条路灰暗而漫长，记忆也是。工作丢了，一时没了经济来源，她只好跟着妈妈去摘豆腐菜，附近的摘完了，就跑到更远的地方。现在这种野菜成了有机蔬菜，在超市价格再贵再供不应求，但她也不会吃。

不能总回娘家，乡下的外婆靠大舅妈一家养，本来就不好过。不能总和亲戚借钱，因为冷眼比冬天的风雪还无情。为了养活她，她妈妈捡过路上的塑料瓶，卖过菜，熬夜做过刺绣，还摆过小摊卖抄手——这是她最喜欢的。南方阴冷的冬天，她们起一个大早去生炉子摆摊。最厚的衣服穿在身上，一天下来嘴唇也冻得青紫。收摊的时候，她妈会把剩下的抄手舀一大碗出来，面皮糊烂，馅菜破碎，但是一口热汤下去，幸福得舌尖都酥软。

还有一阵子，她妈帮别人看小孩，带着她一起去。雇主的孩子哭闹，她妈会用牛奶哄着，她就乖乖坐在一边，偷偷嗅牛奶的香气。女主人回家后，第一道目光就用来打量柜台上的零食，或者不经意地走过去打开奶粉罐头，探头看看又盖上。

长大后懂事了，偶尔回忆，她才理解女主人那一连串举动的意思。这样的往事永远不会随风飘散，而是变成针尖，时不时蹦出来，刺痛她小小的心。那心里有着最卑微，也最脆弱的自尊。

有一年过年，乡下杀猪，外婆瞒着舅妈，好歹藏了几根猪骨头托人捎来。除夕，母女俩用骨头汤煮面，面条吃完了，骨头也被啃得干干净净。为了多掏出一点骨油，妈妈还折断了一支筷子。

什么是相依为命？这便是了。

有一次她发烧三天没好，第三天已经烧得躺在床上起不来。她妈急了，后悔不该为了省打针的钱只给她吃药。怕她烧成傻子，背着她去镇上的诊所。走到一半，突然下大雨，本来就陡峭的土路变得更滑，在下一个土坡时，她妈脚滑，直接背着她一起摔下去。

按理说，这是一对应该抱住对方嚎啕大哭的悲情母女。可事实是，当她妈焦急地爬过来问她有没有摔伤时，她看见她妈满脸泥水，如同花猫，忍不住笑了。她妈怔了一下，认真凑近看她的脸，也笑了。她们就这样坐在大雨里，看着对方狼狈的样子傻笑着。

"朵朵，你看，有个棒棒糖。"她妈突然盯着地上某一处说。

她一瞥，果然惊喜地看见一根未拆封的棒棒糖静静躺在身旁，那糖在小卖部卖5毛钱，她通常可望不可及。在高烧不退、嘴巴里最苦涩无味的时候，一根棒棒糖从天而降，学姐说，她无法形容那一刻心里幸福的滋味。

到现在，她的味蕾已经不记得棒棒糖的甜味了，但她永远记得那一刻她和妈妈的喜悦。她妈还笑着说："我们朵朵是个小福星哟，摔了一跤，捡了一根棒棒糖。"

那天过后不久，生活发生转机。她妈去了一家餐馆打工，而她被送到县里的小舅舅家，妈妈把赚的钱都寄给舅舅。

在舅舅家，她一住就是三年。那个年代，普通家庭都不富裕。她和妹妹每天早上一人一个清水煮鸡蛋。妹妹喜欢先吃鸡蛋再吃饭，她相反，喜欢把好吃的东西留到最后吃。于是无意中，她便听到舅妈在房间里和舅舅偷偷说，是她抢了妹妹的吃的。她和妹妹住一个房间，她来了后就在妹妹的大床旁边支一个小沙发床。晚上睡觉后，舅妈经常把妹妹叫去吃独食，她闭着眼睛装作不知道。没有零花钱，每次班上收班费，她都缩在角落里假装没听见，其实困窘得要掉眼泪。

还好，很快她就结束了寄人篱下的生活，因为她考上县里最好的中学。学姐说，那个小县城，就是当年的她眼中的繁华世界。她第一次看见有年轻导购在门口跳舞的品牌服装店，第一次看见花花绿绿的电影海报，第一次在书店随心所欲地看书。

整个中学时期，她成了一个彻底的苦行僧。但她的努力不再只是为了给妈妈争气，她知道自己心里有了一片不为人知的浩瀚星空，所以她才高中三年如一日地每天早上5点起床念书，好几次因看书走得太晚被锁在教学楼一整晚。

她想追逐这片星空，她想去看更大、更新奇、更美丽、让人蠢蠢欲动的新世界。

18岁的夏天，她收到名牌大学的录取通知书。那个夏天，所有同龄人都在唱歌、烧书、彻夜狂欢，而她每天在餐馆端菜、洗碗，一块钱两块钱地计算着新生活的价格。

然而，新生活在第一天就给了她一个猝不及防。在开学报到的第一天，为了图便宜，她买的是几十个小时的硬座，而且是深夜到站。凌晨两点她坐在候车厅等待天亮，上了个厕所回来，书包夹层里的现金就都不见了。

天亮后，她拖着旧皮箱，没有钱坐车，只好硬着头皮趁着人多混上公交车，一路上都在提心吊胆，害怕司机发现让她交钱。好不容易找到学校，公寓却因还未正式开学而不予开门。她又饿，又累，浑身脏兮兮，只能拖着旧箱子在学校外面四处游荡。

那晚，她孤零零坐在一家蛋糕店外，直到街上所有店铺都关门。最后，好心的蛋糕店老板娘发现了她，请她进店，还给她端来免费的蛋糕。蛋糕是香甜绵软的，可新生活是陌生无助的。她边吃边擦眼泪。老板娘是过来人，看见她的穿着和破皮箱，一切了然于心，当下就将两张桌子拼在一起，抱来薄毯子，让她睡在店里。

老板娘默默做着这些，一句多余的话也没有，只是在第二天她要离去时，轻轻对她说："姑娘，好好学习，以后一切都会变好的。"

学姐说，不知道为什么，老板娘安慰她的时候，她突然就想起和妈妈相依为命的日子。明明下着大雨，发着高烧，母女俩都被大雨浇得狼狈，可是，地上一根小小的棒棒糖却让她们在雨中对着彼此大笑，那样的开心。就好像，一根棒棒糖的甜味，便足以盖过生活所有的苦涩。

后来的大学期间，即使生活再艰难，她却再没有哭过。

最难的一个月，她的生活费是150元。买两毛钱一两的榨菜放在宿舍，早餐和午餐都是一个馒头就榨菜，没有晚餐。那个月里刚好有一天感冒，受不了馒头的寡淡，忍不住去窗口打一个鸡蛋炒西红柿，因为这个菜剩下的不够一个分量，打菜师傅免费打给她，为了这个，她高兴了一天。

她做过家教，每次来回四小时，倒三趟车；她在教学楼门口发过传单，也曾提着一大袋洗发水，在学生公寓楼一间间推销，受尽白眼无数；她在学校食堂做过勤工俭学，来打饭的学生中有不少是她的同学，她从一开始的面红耳赤变得坦坦荡荡。

累的时候，她就问自己，是否愿意和小镇上那些早早辍学的小学女同学一样，结婚生子，柴米油盐，然后在麻将里渐渐老去。她知道自己不甘心。

她用功学习，每天依旧早起读外语，风雨无阻。同时，她进学校报社，参加主持人大赛，跟着社团里的学姐学长去外面的公司拉赞助。她发现，原来世界真的很广阔，会遇见有趣的人，会经历不曾经历的事，会明白再大的目标，只要努力，就能触手可及。

她穿廉价衣裙，却打扮得素净淡雅；她清汤寡水，却自有不施粉黛的清丽；她买不起奢侈品，却有着别人难以追赶的巨大阅读量。几乎所有学生能做的兼职，她都尝试过，最后她固定给一个文案公司写宣传文案。因为文采好、创意新，又比别人更努力，不断有客户指名要她写。渐渐地，她的稿费已经足够负担学费和生活费了。

大三，院里要选派优秀学生出国免费交流，几乎所有同学都觉得唯一的出国名额非她莫属，包括她自己。对于她来说，想要免费出国，这可能是唯一的机会。因此，她放弃了所有兼职，又恢复了大一时每天馒头配榨菜的日子，就为了一心一意泡图书馆，准备最后一场选拔考试。就着榨菜咽着馒头，她心里却是快乐的，因为她觉得，生活在渐渐变好，未来越来越清晰。

半年后的选拔考试，她考了第一名，可是，出国名额却给了另一个女生。辅导员不忍地告诉她，他帮她争取过，但没用，因为那个女生的伯伯是副院长。

她惨然一笑，原来，新世界里也会有灰暗、丑陋和不公。她心情灰暗，不吃不喝，在宿舍床上整整躺了两天。

第二天晚上，她做了一个梦，梦里下着大雨，年轻的妈妈和小女孩坐在地上，全身都被雨水和泥水浇湿，可她们就像一点也不知道自己有多狼狈一样，反而笑得很开心。小女孩高高举着手里的棒棒糖，笑嘻嘻地朝她妈妈炫耀。她在半夜醒来，眼角是湿润的。那一瞬间，她突然就释然了。黑夜里，她微笑着在心里说：忘记这件事情吧，不过就像在雨天摔了一跤，与其难过，还不如找找看地上有没有棒棒糖。

第三天，她就起床了，生活一如既往，仿佛什么也没发生过。那么，这一次，地上还有棒棒糖吗？她说不清。

只是，不久之后，她突然得到一个试写电视剧剧本的机会——是以前文案公司的老板，把她推荐给自己一个做影视的朋友。这是她第一次写剧本，熬夜三天，按照大纲写了一集剧本送过去。影视老板看完，直接对她说，过来帮忙吧。于是，她就在那家影视公司实习了九个月，全程参与了那个剧本的创作。剧本拍摄期间，她认识了H先生，并开始热恋。电视剧热播大火的那年，她拿了第一个新人奖，正在写第三个剧本。同年，H先生向她求婚，她拒绝，理由是还没看够大世界。

再然后，她和别人合开了一个小小的影视工作室，从最开始所有事情都需要自己亲力亲为，到后来，工作室逐渐扩大。从最开始交不上房租，到后来换了更好的地段。

这中间，她和H先生吵过架，分过手，最后兜兜转转，还是回到H先生这个原点。H先生常开玩笑说自己有种挫败感，因为每次和他分手，她都不够失魂落魄，一定是不够爱他。其实，她哪里是因为不够爱，而是她早已习惯，摔跤后，也要记得笑。

再然后，她在这个城市买了房子，把妈妈接了过来。工作室蒸蒸日上的时候，她把事务交给合作伙伴，自己出国读戏剧。回国的那一天，H先生捧着鲜花和钻戒问她："你的新世界看完没有？现在，该和我组成一个小世界了吧。"

她先是点头，后来又摇头，说："大世界没看完，不过，小世界可以有。"就这样，她结束了和H先生长达十年的爱情长跑。

这就是我的学姐的故事，也是对"为什么她这么优雅"这类问题的最佳回答。每次看见学姐轻盈又优雅的背影，我知道，是生活让她如此轻盈，如此优雅。因为，在我们眼里，生活只是生活，可对她而言，生活却是摔倒后，地上还有一根棒棒糖。

## { 调整思路，为梦想找到一道侧门 }

张立勇是全国闻名的"清华神厨"，当年他是清华大学第十五食堂的一名厨师，在英语托福考试中取得630分的优异成绩，让广大学子刮目相看。

回望他的成长经历，你不得不佩服他的睿智和顽强。他出生于江西省一个贫困的小山村。高中时，他曾梦想考上理想的大学，改变贫困的命运，让家人和自己过上幸福的生活。可是，他读高二时因家里无钱缴学费被迫回家。梦想还没开花，这个晴天霹雳犹如狂风暴雨要掠走已经发芽的梦想。回到家里，父亲四处求人借钱，不仅没借到钱，还遭到别人的冷嘲热讽。

张立勇的人生跌入了低谷，情绪低落到极点。就此放弃自己的梦想吗？他很不甘心，他希望将来能像自己的同学一样坐在窗明几净的大学校园里学习、生活。乡村的夜晚是那样寂静，冷清的月光照在房间里，一颗不甘命运摆布的倔强的心终于做出了一个大胆的决定：远走北京去追梦。

张立勇的目标非常清晰，要到大学校园去应聘工人，既能挣钱养活自己，又有机会学习，只有这样才能续梦。第二天，他就踏上北上的列车到了北京。天遂人愿，张立勇当上了清华大学食堂的厨师，梦想又找到了开花的地方。他暗暗发誓：要像清华那些同龄学子一样学有所成，让父母过上幸福的生活。

他非常珍惜来之不易的生活，努力学习，以英语为突破口。他制订了严格的学习计划，因为工作，他得凌晨4点半起床，可是他3点半就起床提前学习一个小时，晚上7点半下班后再学习5个小时。为了不影响工友们休息，他常常跑到路灯下去读英语。

后来，在一场讲座中一举成名。他流利的英语让美国专家和清华学子赞叹不已，当得知他是一名厨师时，现场掌声雷动。此后，食堂经理为他的求学打开方便之门，减少他的工作让他多进教室听课。很快，他就接连通过英语四、六级考试，后又在托福考试中夺得630分的超高分，被媒体誉为"清华神厨"。

张立勇坚持学习，取得了北京大学的本科和南昌大学的研究生文凭，他写的书《英语神厨》被评为"全国青少年最喜爱的书"。因为有了丰厚的稿费，他在县城给父母买了一套商品房。为了激励广大学子，他团结了一批青年精英在全国各地做励志演讲。他也获得了"中国学习十大青年"等多项荣誉。

张立勇的梦想已经开花结果，当年他身处困境选择清华无疑是个明智的选择，虽然是当厨师，但是这里有浓厚的学习氛围和免费旁听的机会。厨师是个跳板，为他赢来清华校园这个平台，在这里，他可以免费得到向高手学习的机会，拓宽了视野，还得到清华广大师生的热情提携。当年辍学回家似乎与大学永世无缘，梦想眼看夭折，而他的智慧在于及时调整人生的航向，把清华厨师作为续梦的跳板，表面上做厨师，实际上读大学。

在人生道路上，当梦想受阻时，我们迈不进梦想殿堂的正门，不妨调整思路，找到一道侧门，虽然付出更多的艰辛，但也会修成正果，因为侧门和正门是相通的。有时，梦想也须转弯。

## 世上没有漫不经心的成功

晚上和大学室友聊天，她给我传了一条微博截图：班草周岩酷酷的站在路边，沈姗姗在身后一手揽着他的脖子，一手亮出结婚证，整个人散发出遮挡不住的甜蜜感。图片下写着"我们"两字，简单而不吝地展示着两人的幸福之态。

我边看边跟室友感慨，时间真不是一般的神奇，居然能让原本尴尬的两个人变成情深意重的一对。大一那年，沈姗姗见到周岩顿时为之倾倒，从此展开狂热追求，然而，周岩并不领这份情。直到我们大学毕业，沈姗姗都没能成功把男神追到手。

如今时隔四年，当我们一众看客都对沈姗姗的单恋不再心存期待时，当事人却突然宣布恋情，并神速结婚，经营起自己的小日子，真是让众人惊掉下巴。我们这群姑娘，七嘴八舌纷纷送上祝福，也免不了一心八卦，追问她是如何扭转乾坤拿下男神的。

"嗨，追到以后并不觉得难，没追上的时候也不难，难的是追的过程，每一步都会蜕层皮。"招架不住的沈姗姗在片刻沉默后说了这么一句话。她的话说完，聊天群里的画风瞬间突变，再没有人调侃她时来运转，也不再好意思八卦细节。这些年我们虽不是时时目睹她每个勇敢示爱的举动，也知道得偿所愿的背后必然是辛苦的。毕竟，奇迹从来不会在容易的道路上绽放，我默默在心底为这个姑娘点了个赞。

其实生活中不乏沈姗姗这样的限量版奇迹，只是我们在遇见的时候，常常为表面光鲜的画面愤愤不平，以至忽略了别人背后汗水加倍的付出。我们看到那个女生不高不瘦不够妖娆，凭什么娶她的男人却是个绝世好老公；而明明你各项硬件指标都高人一筹，却总是很难遇上理想的伴侣？生活蚕食着你的青春，摧残着你的耐心，而你的骄傲、坚守和自尊在岁月的面前被撕碎，埋葬，遗忘……你只能看着，却无能无力，暗暗埋怨它心眼太偏。

真相是这样吗？当然不是。活得成功，仅靠兀自埋头努力是远远不够的，你还必须善用你的头脑。你的努力是因为你的选择，你的选择决定你是谁。你的世界因谁而亮，又到底如何能始终坚定不移地保持明亮？显然，答案只有一个，那就是你自己。

我不追星，但是我特别喜爱安妮·海瑟薇。演艺界童星出身的女明星多如牛毛，但是，并不是所有的童星都在成长之后继续璀璨，甚至获得周遭的赞赏。安妮·海瑟薇无疑是幸运的那个，但是她之所以能越走越远，很大程度上得益于她的"聪明"。

一部《公主日记》让18岁的安妮·海瑟薇一度成为最受热捧的新星，大部分人身处盛誉都会选择乘胜追击，然而，安妮·海瑟薇对未来却有不一样的规划。她很快揭掉了《公主日记》里甜美的标签，不断尝试各种不同类型的角色。后来，她又化身为《悲惨世界》里的芳汀，为此，她不惜瘦身成"纸片人"，还剪掉了一头长发。人们一心觉得安妮·海瑟薇就是"从此以后过上了幸福生活"的公主，她本人却用行动证明对这样的故事完全不感冒。2011年，她拿下了奥斯卡主持人的工作，这是奥斯卡第一次启用年轻明星当主持。安妮·海瑟薇的表现惊艳了众人，她谈吐大方、调侃得体，出色地完成了主持工作。

世界并非完全如我们想象，时间在加速，欲望也随之膨胀，人人期望与众不同，很少有人能沉淀下来以匠心对待生活。其实生活很敏锐，你是不是诚心待它，它一眼就能分辨出来，只不过有时候它选择装傻跟你一起演。你越浮躁讨巧越想得到，就距离目标越远；你默默振作一声不吭，惊喜就会悄然而至。所以，别去想天上掉馅饼，也别去看别人，我们的幸福在最大程度之上都取决于我们自己本身的选择和努力。做出了选择但不为之努力，可能会跌至低谷，从此泯然众生；把握住了选择又努力了，就是一次蜕皮后的新生。

也许你正在经历左右两难的选择，也许你正囿于选择后的磨难，可谁敢说这所有看似残酷的更迭，不是你变得越来越好的凭证？从懵懂到睿智，从幼稚到成熟，当干练取代生疏，我们都在自己那条不容易的道路上脚步渐稳。

世上没有漫不经心的成功，每份漫不经心背后都是深思熟虑的用力。而有些人用力，是用给别人看的；有些人用力，是用给自己看的。

你呢？

# 你越优秀，别人越想靠近

每个优秀的人，都有一段沉默的时光。那一段时光，是付出了很多努力，忍受孤独和寂寞，不抱怨不诉苦，日后说起时，连自己都能被感动的日子。

每次回家，都会翻看以前的日记，这次是2007~2008年，那个时候，我上大一。

今天看到一句话"每个优秀的人，都有一段沉默的时光。那一段时光，是付出了很多努力，忍受孤独和寂寞，不抱怨不诉苦，日后说起时，连自己都能被感动的日子。"我感觉自己的生命流淌到现在，有好多这样的时光，初三，高二到保送前，还有整个大一。大一下学期，很努力的在准备专四，很努力的在背新概念课文，很努力的在准备中级口语。那个时候，没有爱情，没有抱怨，整天踏实的安于自己的生活。

前几天和表哥一起吃饭，30岁的人了，面临各方的压力，没有结婚对象，工作性质不稳定，被迫和别人家的孩子作比较，他急于想证明自己，结果越来越乱，抽烟喝酒，用忙碌来掩盖自己的空虚。我说，哥，你要经营好自己的生活，别人才会想靠近你。

有一年的圣诞节，我许下的愿望是"爱我的人不寂寞，我爱的人也爱我"，现在那个黄色的小信封还在某个日记本中安然地躺着。中间的几年，也追求过，也拒绝过，渐渐发现，不需妄自菲薄，不要汲汲戚戚，不倾倒，不卑微，不依赖，不嫉妒，只需这样，就会遇到命定的那个人，即使没有遇到，也对得起自己，至少我在认真地生活。

自信了，才能安宁。以前，总觉得自己不够漂亮，身材不够好，在美女面前总是自卑。后来，渐渐看淡了，改变不了的，时间也留不住的，何必强求，腹有诗书气自华。有次做一个学校patriotic assembly的翻译，在场500多个美国小孩，80多个中国小孩，还有各种领导，家长和老师，译的不算perfect，但也算是落落大方游刃有余。下会之后，everyone came to me and said "you are so brilliant"。有一个小女孩从我旁边经过，对我轻轻的说了句，you're pretty. 我笑着说thank you，觉得能被孩子这样赞扬，生活其实也挺美好的。那个女孩子的这句话，至少比我听到的很多赞美都真诚。

高中时一个朋友说，考试前的惴惴不安都源于对考试结果的惧怕，不去想结果，只要努力，就是最好的结果了。从那之后，每次考前或者重要事件前的pray，我都只祈求上帝给我自己应得的结果，我的努力值多少，就给我多少。对于英语，我是一种匀速前进的方式。现在越来越忙，也越来越静不下来大规模的自习了，但是我很庆幸有些很好的习惯一直伴随至今，每天背几分钟单词，每天看一篇yahoo news，每周听一个TED演讲，定期的口译练习，广泛的阅读，不明白的名词必定记下来回来百度，所以遇到什么考试或者问题，想想自己是这样走过来的，就没什么可怕的了。别人在努力复习考试的时候我并没有多努力，但是别人在玩的时候，我并没有很空虚。

只有内心足够强大，才能看得清，才能选得好。我觉得自己很幸运，在机会降临的时候正好接住了。但也因为很多东西得到的太简单，总有种不安全的感觉。阿mang说，因为我们都是取了shortcut的人，所以才有这种感觉。但是他随时都做好了回去做苦逼小程序员整天写代码的生活，同样，我也随时做好了去做50块每千字的笔译或者去个不知名的教育机构讲新概念的准备。

年轻的时候曾因为失恋不吃不睡，现在却像个怕死的老人一样小心翼翼地生活。认真的吃早饭，每天尽量吃10种以上水果和蔬菜，定时吃粗粮和动物肝脏，不睡懒觉，不生气，饭后百步走，半年做体检。林妹妹固然惹人怜爱，但我可不想因为被人伤了心就撒手人寰。只有好好的活着，那个人才会知道自己曾经错过了什么，失去了什么。

如果我们是在彼此最闪光的时候相遇，是好的，因为我们知道自己爱了一个值得爱的人，他/她有能力经营好自己的生活；如果我们是在彼此最狼狈的时候相遇，也是好的，因为我们知道自己爱了一个坚强的人，即使遇挫，也可以相濡以沫。我只是希望在上帝安排给我的一切美好与挫折接踵而至的时候，我始终能足够宁静的来接受这一切。唯有安宁，才能认真的生活，唯有认真生活的女子，才会有人爱，才会有神爱。

## 适应环境，而不是让环境适应你

假如你无法去改变这个世界，那就试着努力改变自己。文革期间，最豪言壮语和最愚蠢的一句话就是"人定胜天"，试想凭人类微薄的力量怎么可能战胜得了老天爷？然而，这句愚蠢的口号则影响了好几代人，总想凭一己之力去影响别人，去影响这个世界。其实，我们都应该要有自知之明，假如无法改变这个世界，那就去试着改变我们自己。

一个人应该主动适应环境，不能有让环境适应你的想法。有的人总是抱怨周边的一切，总是把责任推给别人，其实这就是你的问题，是你无法适应生存的环境，是你把家庭中给你的那种众星捧月的感觉带进了社会，是你总在想让别人来配合你，是你把自己当成世界的中心，可你恰巧忘记了你只是这个环境中的一粒尘埃，你必须依附在这个环境中才能存在。

大多事物存在就是合理的，而合理的事物必然能够存在。有些事情没有必要深究细查，假如通过外力干预仍然无法解决，则说明了有它存在的必然性。比如，破除迷信运动搞了几十年，可信佛念经的百姓仍然很多，比如把八卦和算命列为迷信活动，可很多无法解释的事物或现象通过风水测定得到了圆满解决。因此，千万别傻乎乎的去试着否定中华传统文化的力量。

人生一世也就是眼睛一闭不睁，不是每个人都能青史留名的。人生一世，草木一秋，人的一生应该要在这个世界上留下一点痕迹，因此，才会有流芳百世和遗臭万年之说，不管是香的还是臭的，只要是能够记入历史的都是有效的，当然，绝大多数老百姓没有可能被载入史册，那就在自己的坟头竖起一块墓碑，那也是一种留下"到此一游"痕迹的方法。

大千世界确实是会无奇而不有，然而大智若愚却应难得糊涂。既然大千世界肯定会无奇不有，那我们也没有必要大惊小怪，有的事情没有必要事事计较，有的利益也没有必要斤斤计较，要知道人活在世上，再大的房子也只需能安一张床，再多的钱财一天也只能吃三餐，再多的土地死后也只需要一个平方米。因此，大智若愚和难得糊涂绝对是做人的真谛。

踏踏实实做人认认真真地做事，清清白白做官用良心为民担责。人活在这个世界上，最重要的是为人正直，要踏踏实实的做人，认认真真做事，千万别做伤天害理和损人利己的事情，尤其是那些损人不利己的事情更不能做，做生意要讲诚信，做官要讲良心，做人要有爱心。特别是用纳税人的钱养活的那些人更应时时刻刻的想着如何为纳税人办事做事。

应该善待身边每一个弱小生命，珍惜生命精彩确应分分秒秒。在这个地球上所有的生命都是平等的，都有平等生存的权力，因此，我们不能以人类的强势地位去肆意地消失其他物种，同样，处于强势地位的人也不可能欺负生活在弱势环境中的弱势人群，而是要善待他们，尽力帮助他们能够提高生命的质量。

时间可以改变一切生命的贪婪，也可以改变宝贵贫穷的宿命。时间肯定能够改变一切，包括我们自己，因此，如何在人生有限的时间里完成理想的目标，是我们每个人只争朝夕的事情。当然，如果你受到了爱情的伤害，时间也是最好的治疗方剂，它可以帮你修补伤口，抹平伤痕，让你重新振作起来，再用时间去改变一切。

人生难免会遇到艰难曲折险阻，树立信心比沮丧叹气更加重要。人生必定有酸甜苦辣，必定会有艰难险阻，就像是《西游记》里的唐僧西天取经，虽然是一路上遇到了重重的困难，可他们也一路上不断的克服困难，最后终于修成了正果。因此，人生一定要坚定信念，要坚信年年难过年年肯定能够过，毕竟人类在不断进步，办法总比困难多。

君子爱财但应该是取之有道，用之有度更应该是乐善好施。君子爱财取之有道和积德行善乐善好施一直都是老祖宗对我们的教导，因此，千万不要为了几个小钱而去偷盗，千万别为了财富积累而伤天害理。当然，如果你的财富除了养活自己以外还有多余，那是否也可以像陈光标那样去做一点善事，哪怕就是去买几张福利彩票，也是能够帮到很多需要帮助的人的。

人生的哲理很多，许多人在读了许多年的书以后，又接受了许多年的继续教育以后，发现自己仍然没有弄明白人生的绝大多数的哲理。想想也是，古往今来，中国的外国的有那么多的贤人，只要他们每个人讲一句就足够我们学习几辈子的了。

# { 自己与自己的较量是最残酷的 }

在这个世界上，我们不可能事事顺心，处处如意。总会有很多残酷的事实和境遇是我们无法回避、无法选择又无法改变的。如果因此而怨天尤人，自我消沉，那你的人生只剩下苦闷和抱怨了。所以，不管是生活还是工作，都应该坦然接受不可改变的事实。这绝不是逆来顺受或者不思进取，这只是一种积极的顺其自然的人生态度。

人生本来就是一个输赢交错的过程，就是诸葛亮再世也无法准确预测和掌控不可预知的未来，更不能改变过去既成的事实。所以，与其死死纠缠在不更改变的过去，还不如改变心态，坦然接受，放眼未来。

人生总要遇到这样那样的磨难，好比唐僧西天取经，总有劫难等着你去克服。事实不会因为你的痛苦就会发生改变，如果你能保持良好的心态，采取积极的行动，那么磨难就会变成"磨刀石"，不但让你卷土重来、东山再起，还使你变得更加出类拔萃。

已故的美国小说家塔金顿常说："我可以忍受一切变故，除了失明。我绝不能忍受失明。"可是在他60岁的某一天，当他看着地毯时，却发现地毯的颜色渐渐模糊，却看不出图案。他去看医生，得到了残酷的证实：他即将失明。有一只眼差不多全瞎了，另一只也接近失明，他最恐惧的事终于发生了。

塔金顿对这最大的灾难如何反应呢？他是否觉得："完了，我的人生完了！"完全不是。令他惊讶的是，他还蛮愉快的，他甚至发挥了他的幽默感。

那些浮游的斑点阻挡他的视力,当大斑点晃过他的视野时,他会说:"嗨!又是这个大家伙,不知他今天早上要到哪儿去!"完全失明后,塔金顿说:"我现在已经接受了这个事实,也可以面对任何状况。"

为了恢复视力,塔金顿在一年内得接受十二次以上的手术,而且只是采取局部麻醉。他会抗拒它吗?他了解这是必须的,无可逃避的,唯一能做的就是优雅地接受。他放弃了私人病房,而和大家一起住在大众病房,想办法让大家高兴一点。当他必须再次接受手术时,他提醒自己是何等的幸运:"多奇妙啊,科学已经进步到连人眼如此精细的器官都能动手术了。"

当真正面对无法改变的事实的时候,其实每个人都能接受,就像本以为自己绝不能忍受失明的塔金顿一样。这个时候他却说:"我不愿用快乐的经验来替换这次机会。"他因此学会了接受,并相信人生没有任何事会超过他的容忍力。如约翰弥尔顿所说的,这次经验教导他"失明并不悲惨,无力容忍失明才是真正悲惨的"。

成功学大师卡耐基说:"有一次我拒不接受我遇到的一种不可改变的情况。我像个蠢蛋,不断做无谓的反抗,结果带来无眠的夜晚,我把自己整得很惨。终于,经过一年的自我折磨,我不得不接受我无法改变的事实。"

西方有句谚语:"不要为打翻的牛奶杯而哭泣",这与中国的一个成语"覆水难收"有着异曲同工之妙。用流行的话来说,"你可以设法改变三分钟以前的事情所产生的后果,但你不可能改变三分钟之前发生的事情。"是啊,事实已经发生,就算肠子悔青了,也没有"月光宝盒"送你回到过去,所以,不如将精力放在如何解决问题上,避免以后再犯同样的错误。

金融危机爆发的时候,谭先生十分庆幸自己没买股票,谁知他的妻子却号啕大哭,说她把家里60万元的存款给了一个朋友做投资,说一年的收益的非常可观,可现在朋友破产,人也消失了,60万元打了水漂。

谭先生一阵头晕眼花，这意味着，他这十多年的辛苦努力全白费了，真是应了那句"辛辛苦苦二十年，一夜回到解放前！"谭先生真想把妻子痛打一顿，可是他很快冷静下来，他对满脸泪水的妻子说："命里没有莫强求，钱已经丢了，再哭也哭不回来。幸好我还有一份不错的工作，咱们的生活还是不成问题的。"

谭先生虽然嘴上说得淡定，可是他心里清楚自己的小康之家已彻底沦落成真的无产阶级家庭了。其实他的工资也不是很丰厚，虽然够得上家里每个月的开支，可是女儿马上就要上大学，夫妻双方的父母年纪都大了需要他们照顾，谭先生感到了前所未有的压力。

可生活还要坚持下去，于是，谭先生和妻子商量用各种"开源节流"的办法来应对：谭先生戒了烟；名牌衣服不买了，以前的旧衣服整理一下也很好，很多还都是新的；朋友聚会尽量在家吃；尽量不打的，出门坐公交；妻子开了个小卖铺赚些钱……

就这样，谭先生家的日子虽然现在过得辛苦了些，但是依然有条不紊的向前进行着，一家人都相信日子会一天天好起来的，只要一家人同心协力，满怀信心。

不幸的发生，往往是因为我们对事物做出了错误的估计，因此不得不付出代价。但是，错误已经发生，懊悔、暴怒、颓废都无济于事，只能让事情变得更糟。不如向谭先生学习，勇敢面对突如其来的灾难，用平静的心态去承受不可更改的事实，想办法去解决问题，而不是企图"回到过去"。

面对不可避免的事实，我们就应该学着做到诗人惠特曼所说的："让我们学着像树木一样顺其自然，面对黑夜、风暴、饥饿、意外与挫折。"

坦然接受现实，并不等于束手接受所有的不幸。只要有任何可以挽救的机会，我们就应该奋斗。但是，当我们无法挽回无法改变的时候，我们就不要再踌躇不前，拒绝面对。要接受不可避免的事实，唯有如此，才能在人生的道路上掌握好平衡。

## 活出自信，做最好的自己

你的自卑来自哪里？容貌、金钱还是性格？容貌是天生的，自信的人最饱满最耐看，更何况审美观是因人而异的；金钱是双手挣来的，只要努力，你也可以获得，关键是自己有信心，肯吃苦耐劳，钱是挣不完的；性格取决于你自己，愿不愿意敞开心胸跟人沟通交流，只要有诚意和热情，你就会变得开朗大方。其实每个人在不同的时期，都会产生程度不同的自卑心理。所以只有正确面对，勇敢甩掉自卑的包袱，释放自己，才能做最好的自己。

或许你没有秀美的容颜，也没有聪颖的天资；或许你没有骄人的学业，也没有出众的才华；又或许你没有显赫的家世，也没有耀眼的工作……总之，自己身上千疮百孔，没有任何闪光点，而别人看起来都是幸福优秀的人，看到别人幸福的微笑都觉得是对自己无情的嘲笑。

自卑是许多悲剧的根源所在。我们希望像他人那样去生活，像他人一样地为人处事。也因此我们将自我置于别人之下，先比较，然后批判自己，无限夸大别人的能力，这种夸大又反衬出自己的渺小，这是伤害自我的致命武器。我们会觉得自己各方面都不如人，有各种各样的缺点和不足，而别人却完美无瑕。也许他们本来极为优秀，但在内心里却轻视自己。他们内心焦虑不安，没有自己的主见，用别人的判断标准扼杀了自己的信心。

自卑是自我挫败的源头。我们很容易因为自我条件不足而产生自卑心理，这在生活、感情、职场中也是阻碍成功的大敌。不管你承认与否，自卑者面对生活缺乏勇气，不敢与强大的外力相抗衡，才会使自己在痛苦的陷阱中挣扎。有谁愿意成为一个带有自卑性格的人呢？我相信所有自卑的人都渴望把"自卑"这个沉重的包袱重重地摔在地上，从此挺胸抬头，脸上洋溢着自信的微笑。

有一个23岁的女孩，身边有一位成熟稳重、经济条件不错的男人一直密切关注着她——那是她的钻石王老五上司。她是一个敏感的女生，怎会不知道？然而，由于潜意识里的自卑感在作祟，她总不肯给他表白的机会。她在心里发誓：要做就做他身边最优秀的女人，将其他女人比下去，然后才坦然接受他的爱。

从此以后，她拒绝了他的一切邀请，深居简出，埋头苦读，终于考上了她一直向往的，他曾经就读过的那所著名学府的研究生。当他提出送她去上学时，她婉言谢绝了，她觉得自己不该是一个不谙世事的小丫头、只会读书的小呆子，而应该是一个高分高能的天之娇女。她要借助任何一次机会锻炼自己，为的是将来能够与他并肩站立，成为他的同行者，而不会自惭形秽。在读研期间，她潜心做学问，又多方锻炼自己的心智，磨炼自己的毅力，终于如愿以偿，她变得那般出类拔萃，导师觉得她不读博士真是浪费。于是，她又花了三年时间读完博士。院里挽留她，并允诺送她出国，而她却无心逗留，想让他看到自己经过这六年时间变得如此优秀的愿望显得那么强烈。她，终于带着美好的期待飞回到他所在的城市。这一次，是她主动约的他，她想向他显示：自己有足够的优秀成为他的帮手；她还想让他意识到：她有了做他好太太的完美条件。然而，他与她坐在咖啡屋里还没说几句话，他的手机就响了，他接起来："啊？儿子又发烧了，好，你等着，我这就回去送他去医院。"然后，他略带歉意得对她说："我儿子生病了，我太太很紧张，现在他们很需要我在他们身边，我们以后有空再聊，好吗？"如晴天霹雳将她击中，她只剩下机械地点头，机械地回答："好！"除此之外，她还能说什么？做什么？

故事中的女孩由于内心的自卑不愿意接受上司的追求，她固执地以为只有自己足够的优秀时，才能够配得上他！然后，她就想尽一切办法要让自己变得更加优秀。然而，当有一天她真的觉得自己足以匹配那个优秀的男人时，才发现幸福早已不在自己的身边。其实，是门当户对的世俗爱情观使她失去了原本属于自己的东西。优秀固然很重要，可是比起得到幸福来说，就显得微不足道了！

在优秀的追求者面前，我们没有必要自卑，因为爱情与幸福对任何来说都是平等。当爱来了，就请勇敢地接受爱吧，别为世俗的眼光而毁掉了自己一生的幸福，有时候，我们真的没有必要刻意地去追求优秀，毕竟优秀只是一个外在的条件，就犹如一个美丽的装饰品，有了自然让人赏心悦目，没有，依然可以快快乐乐地活着。

挫折与坎坷也是生活的一部分，逆境时有发生。出于许多原因，在复杂的社会中我们经常要面对失败。没有人能够避免和逃脱日常生活不期而遇的变故。这些变故让我们的处境变得尴尬和艰难。没有闭月羞花之貌，没有经天纬地之才，没有一个官爸爸或富爸爸，相比之下，我们什么也没有，好像只有自卑了。

从前，在夏威夷有一对双胞胎王子，有一天国王想为大王子娶媳妇了，便问他喜欢怎样的女性。

大王子回答："我喜欢瘦的女孩子。"而知道了这消息的岛上年轻女性想："如果顺利的话，或许能攀上枝头作凤凰。"于是大家争先恐后地开始减肥。

不知不觉，岛上几乎没有胖的女性了。不仅如此，因为女孩子一碰面就竞相比较谁更苗条，甚至出现了因为营养不良而得重病的情况。但后来却出现了意外的情况。大王子因为生病一下子就过世了，因此仓促决定由弟弟来继承王位。

于是国王又想为小王子娶媳妇，便问他同样的问题。"现在女孩都太瘦弱了，而我比较喜欢丰满的女性。"小王子说。

知道消息的岛上年轻女性，开始竞相大吃特吃，于是，岛上几乎没有瘦的女性了，但岛上的食物也被吃得匮乏，甚至连为预防饥荒的粮食也几乎被吃光了。

最后王子所选的新娘，却是一位不胖不瘦的女性。王子的理由是："不胖不瘦的女性，更显青春而健康。"

每个人的审美观并不相同，太看重别人的评价或因为自己一点的缺陷就自卑，不但没有必要，而且会影响自己正常的生活。

● 一个人自卑的人的特点是：认为别人都比自己强，自己处处不如别人。轻视、怀疑自己的力量和能力。自己与自己的较量是最残酷的，因为我们面对的不是别人，而是我们自己，只要我们稍不留神，就会被自卑钻了空子。在人生的道路上，成功的人都是战胜了自己的人，而失败的人都被自己的自卑感给压垮了。自卑感在每个人身上都或多或少地存在，但我们不应被自卑吓倒，而应超越自卑，让它升华为一种良好品格：谦虚谨慎，不骄不躁，继而转化成进取的动力。只有这样，你才会活得开心，活出自信，你的人生才会充满希望和阳光。

# 低调是一种强者的处事智慧

有位人生专家说过,人一生中能够确立自身根基的事不外乎两件:一件是做人,一件是处世。低调做人,高标处世。在行为上低调:免得枪打出头鸟,功高不震主,在行为上莫出风头才大不气粗,势大不欺人学会以谦卑的姿态示人,勿因得意忘形惹祸端,弯腰致意不会影响你的身高,降低身段立世,夹着尾巴做人。

在言辞上低调:话到嘴留半截,心不存傲气,口不出狂言,收起脸子,放下架子,宁吃过火饭,不说过头话,少出头不刺人眼,少说话不讨人嫌。在姿态上低调:谦卑处世人常在,淡泊名利粗衣素食也潇洒,莫为利欲而冒险,以低私欲面对工作。

大凡高标处世者,其做人的基调都很低;大凡低调做人者,其处世的标准都相当高。于是就产生了一种奇妙的因果:越是低调做人者,往往越能成就大事;越是功成名就者,往往越是低调做人的典范。

诚然,高标处世不仅可以激发人的志气和潜能,而且可以提升做人的质量和层次。高标处世者,其步履必然积极而阔大,其成事必然顺理而成章,其人生必然恢宏而壮丽。

低调做人既是一种姿态,也是一种风度,一种修养,一种品格,一种智慧,一种谋略,一种胸襟。低调做人不仅可以保护自己、融入人群,与人们和谐相处,也可以让人暗蓄力量、悄然潜行,在不显不露中成就事业;不仅可以让人在卑微时安贫乐道，豁达大度，也可以让人在显赫时持盈若亏，不骄不狂。

低调做人就是用平和的心态来看取世间的一切。修炼到此种境界，为人便能善始善终；便能宠辱不惊，看庭前花开花落；便能去留无意，望天上云卷云舒；便能贫贱不能移，富贵不能淫，威武不能屈。

那么，人生姿态保持低调深藏不露，应该从不唯我独尊有那些含义呢？个人理解认为具体有以下：

1. 深藏不露从不唯我独尊的人，把握做人的准则。

低调做人是一种生存的大智，是一种韧性的技巧，是做人的一种美德。"良贾深藏才若虚，君子盛德貌若愚"。"地不畏其低，方能聚水成海，人不畏其低，方能浮众成王"。这些有益的格言告诫我们一个道理：低调做人才是最完美的人生。

人一生中要依靠两件事来确立根基：一件是做人，一件是处世。而历览古今，纵观中外，最能保全自己、发展自己和成就自己的人生之道便是：高标处世，低调做人。大凡高标处世者，其做人的基调都很低；大凡低调做人者，其处世的标准都相当高。越是低调做人者，往往越能成就大事；越是功成名就者，越是低调做人的典范。

做人要老实，这是无可厚非的，诚实做人，踏实做事，是每个人必须要恪守的人生原则。但是，在现实中，有些老实人总是处于不上不下的尴尬地位：受人冷落，遭人排挤。于是，他们就产生了怀疑，进而改变初衷，热衷于玩弄阴谋诡计、尔虞我诈的黑色游戏，身上的道德味道越来越少。这种为人处世的方式是非常危险的。这些人的根本问题就是没有把握好老实的分寸，老实过头就是傻实在，傻实在自己吃亏，又难受欢迎，实在是得不偿失。做人要老实，不是让我们固执机械地固守老实不放，不知变通，做人不能太老实！

为人处世，最重要的就是对尺度和分寸的把握。为人处世要有尺度，比如开玩笑要有尺度，没有尺度，玩笑就是伤害他人的尖刀，一句玩笑话，得罪了一个人，这样的事情，在现实生活中经常出现。为人处世要有分寸，分寸是合适的鞋，不大也不小；分寸是春天的风，不冷也不热；分寸是知时节的雨，不迟也不早；分寸是烹调名师放的盐，不咸也不淡。与家人朋友相处，要有分寸，与同事相处要有分寸，等等，都是我们必须要好好把握的。

2. 深藏不露从不唯我独尊的人，衡量处世的分寸。

我国民间有句谚语："低头是谷穗，昂头是谷秧"。低调做人、低调处世，低调是立世的根基。有位哲人说过，当坚硬的牙齿碰落时，而柔软的舌头却完好无损。不是柔软的舌头能胜过坚硬的牙齿，而是舌头处于低谷。可见，低调做人，不仅可以保护自己，使自己融入人群，与人们和谐相处，患难与共，更能使自己暗蓄力量，悄然潜行，在不显山露水之中成就伟业。

低调是一种风度，高标是一种气魄。懂得高标处世，善于低调做人，不仅是体面生存和尊严立世的根本，也是赢得人生、成就事业的最佳姿态。高标处世必以低调做人为基点，因为低调做人既可处逆又可处顺，既可韬晦又可精进，实可为圆熟睿智的处世哲学。

高标做人哲学是对消极、被动、低标准生存境界的一种否定。高标做人意味着不断的反观自己，检查得失，充实自己，不断的趋于成熟，果敢。高标处世、高标要求，以最有效的方式方法，达成人生最大价值的实现。

低调做人不仅是一种境界、一种风范，更是一种思想、一种哲学。圣者无名，大者二无形。鹰立如睡虎行似病。贵而不显，华而不炫，韬光养晦，深藏不露。低调做人，高标处世，我们便能获得片广阔的天地，成就一番完美二的事业，更重要的是，我们能赢得一个涵蕴厚重、丰富充沛的人生。

人际交往中暂时的低头可以为自己的利益开道。现实生活中，我们要使自己立于不败之地，就要适应外界的变化而灵活地掩藏自己，观察时机，关键时刻再出手以赢得胜利。静水深流，藏锋敛利，含而不露乃是处世避祸的妙诀。只有在尝过低头之苦，才能真正享受抬头扬眉吐气二的风光。

3. 深藏不露从不唯我独尊的人，学会退让与进取。

低调为人不必过于刻薄，与人交而无怨，得宽怀处且宽怀，有宽容之心，最得利的还是自己。

低调也许只是针对为人而已，如果对人生，对事业太低调，会埋没人才.对于事业，应该有崇高的追求和执着的创新，同时，要创造机会展示自己的才华，自己的智慧……

为人低调并非是妥协、退让、懦弱，而是一种智慧，一种远见，是一种对人的尊重！低调做人的人相信：给别人让一条路就是给自己留一条路。低调做人的人懂得：做人不可过于显露自己，不要自以为是，更不该自吹自擂。低调做人的人知道：要想赢得友谊，就必须平和待人，为此才能赢得成功，赢得他人的尊重。

八面玲珑，能进能退——把握好处世的厚黑尺度：处世运用一点厚黑的方略，才能让自己进退自如。当"山重水复疑无路"时进一步便"柳暗花明又一村"；当"穷途末路"之时退一步便"海阔天空"。所以，人的一生有进也有退，该进则进，……该退则退，只要是符合各自的生存状态，只要是符合各自的理想追求，便能缔造出绚丽多彩的人生。驾驭了"进"与"退"的智慧，把握好了处世的厚黑尺度，便能够进退自如，人生便会精彩而不单调乏味。

低调的人之所以低调，其实来自于他对自己一种正确的认识。他的低调，决定了他的冷静。在低调者看来，骄傲是很荒谬的事情，因为无论自己过去做了什么事情，都不重要，自己将要做的事，比已经做了的事总是要重要得多。

4. 深藏不露从不唯我独尊的人，懂得放弃与保留。

子曰：君子坦荡荡，小人长戚戚。真正有大智慧大才华的人，必定是低调的人。他们树立于天地正气间，俨然如日般的骄阳盛情，如月清辉明亮，如风飘然洒逸，如雨般的淋漓尽致。

省身克己不求虚名。在名利场上，得失的对立似乎特别明显。然而究其实，两者总是相互转化的，得到反而意味着失去，失去反而意味着得到，甚至得失的不仅是名利，还有很多更重要更深层次的东西。如果在形式上放弃它，反而能够永久地拥有。

不会放弃就意味着背上许多沉重的负担。懂得放弃，自己才会轻松。在得到的同时，你也在失去；在选择的同时，你也在放弃。你有无数个机会，但你只能选择一种适合自己的生活道路。比如，你选择了当作家，你就无法享受做一名成功商人的乐趣；你选择了单身汉的自由，你就无法体会婚姻的温馨。

若想拥有一个成功的人生，我们必须降低错误选择的几率，减少做错误选择的风险。这就要求我们必须预先明确想要的结果究竟是什么，想得到的又是什么？这本身又是一个选择。

地低成海，人低成王，地不畏其低，方能聚水成海，人不畏其低，方能孚众成王。世间万事万物皆起之于低，成之于低，低是高的发端与缘起，高是低的嬗变与演绎。低调做人正是一种终成其高、必成其大的哲学。谙通此一哲学的人方为大智之人，方成大价之身。

在低调的人看来，不要以为自己很重要。当自己还只不过是一块石子而不是一块金光闪闪的金子时，就永远不要抱怨命运对自己不公平。（大多数人都不可能成为金子，只不过做块有用的石头就不错了。）你有一千个理由重视你自己，你有一千个理由看到你的价值。

低调者永远不会傲慢、自负，因为他没有傲慢和自负的理由。他总是很谨慎地看待自己的成就和能力，他总是可以事先预计到问题的严重性，他总是明白，自己取得的成功，其中有多少成分是属于自己的，有多少成分来自于别人的帮助，来自于运气。他知道，自己的成功，离不开这一切外在的条件，自己仅仅是其中的一个因素而已。所以，他不会把自己无限地夸大。

5. 深藏不露从不唯我独尊的人，演绎精彩和辉煌。

高标立身，低调处世。高立身低处世，就是要求一个人不管地位有多高都能以低姿态来为人处世，明确自己不如别人的地方，虚心接受别人的意见和批评。严以待己，宽以待人，不居功，不自傲，择善而从，自省自律，方可成大事。

低调做人，高标处世，我们便能获得一片广阔的天地，成就一份完美的事业，更重要的是，我们能赢得一个涵蕴厚重、丰富充沛的人生。有鉴于此，我们做人的焦虑和处世的惶惑也就能够冰消雪释了。

低调是一种强者的处事智慧。饱满谷穗自低头，低基能承万丈楼。低调更是智者的生存哲学，树大招风风损树，人为名高名拆人。一个人不管取得了多大的成功，不管名有多显、位有多高、钱有多丰，面对纷繁复杂的社会，也该保持做人的低调。

高标是处世的驰步尺度，高标驰步，方能创出一世英名，追求什么就能得到什么，想要达到最高处，必须从最低处开始。低调是做人的准入姿态，学会克制忍让，谦卑的态度最高大，不争者受人嘉许，骄矜者令人忌惮。由卑而尊是成功做人的正向逻辑，欲做尊贵人，先做卑微事，放下架子才会更有面子，由低而高是成功处世的二元方程，放下身段更能提高身价，低基调做人源于高标准立世，跻足山顶上，依旧尘世间。

当你在成绩面前、当你成功的时候，一定要谦虚谨慎、谦恭待人而不是骄傲自满、盛气凌人、唯我独尊。要拥有一个平常的心态来正确认识自己和看待周围的人和事物，你就会在滚滚红尘中辨别方向，激浊扬清潇洒的走一回。当你在矛盾激化时你需冷静一点，当你在名利面前你稍后退一步，你不但会受到人们的尊敬和敬佩，更会得到人们的信赖。

## 智慧改变命运

8年前,宋娟大学毕业后回到了老家浙江西部一个小镇,准备休息一段时间后再出去找工作。小镇盛产柚子,宋娟家里也和大家一样,种着一大片柚子树。

转眼到了柚子的采摘期,可能是因为那年夏初时分的气温过低吧,人们把柚子采摘下来一看,傻眼了,这些柚子的皮足有三四厘米厚,柚瓤却又小又瘦。往年一到这个时候,外地水果商贩都会一车接一车地把柚子收购去。但今年,虽然水果商同样一批又一批地来到这里,最终却一批又一批地摇头离去。人们为了把柚子卖出去,不断主动压低价格,但这同样没有让商贩心动,商贩们深知,东西不好再便宜也没用!

看着挂满枝头的柚子,看着一批又一批的水果商贩空车离开,人们除了站在柚子树下发愁以外,别无他法。这时,年纪轻轻的宋娟却在心里想开了:柚子除了是水果以外,还可以是别的什么东西吗?是不是可以把柚子当成别的东西卖?

宋娟向她的父母长辈们请教,但得到的答复无非就是这样一句:"傻孩子,柚子就是水果,还能当什么卖?"

能当什么卖?这不正是自己要思考的吗?宋娟虽然没有得到满意的答复,但并没有放弃自己的想法,她想到了把柚子做成标本,也想到了加工成药材,但不是成本太高,就是市场不大,一个又一个想法都被无情的现实给否定了。

有一天，宋娟的爸爸从街上买回一个西瓜，那个西瓜的皮非常厚，母亲舍不得扔，就把外面的青皮一刨，切成一片片炒出了一盘美味的菜肴。这突然给了宋娟一个大胆的想法：能不能把柚子也当成蔬菜卖？

宋娟到园子里摘了几个柚子，削掉外面的青皮后，把那层厚厚的棉皮剥下来切成一片片，放到水里焯去辛涩味后，再放点肉糜和辣椒炒了一盘菜，一尝，竟然酥软爽口，非常鲜美！宋娟开心地大叫了起来：这些柚子不愁没有人要了！

宋娟很快说服了父母，在父母的帮助下，她用很低的价格收购了那些没人愿意要的柚子，然后请乡亲们加工，当大家听说宋娟是要把柚子皮做成菜肴原料后，纷纷善意地劝阻她说："你考虑仔细了没有？又要出钱收购柚子，又要给我们开工资，万一卖不出去，你的损失就非常大了！"

每次听到这些话，年纪轻轻的宋娟就只有一句："前怕狼后怕虎，这不是我的性格，想到的事情我就一定要做到底！"

第一次加工了500斤柚子皮，宋娟炒了一盘菜当样品，然后把柚子皮拉到城里的蔬菜批发市场推销。那些蔬菜商们开始都不太相信柚子皮也能炒成菜，但尝了几口宋娟带来的样品后，就都深信不疑了，他们纷纷向宋娟签下了收购柚子皮的订单，就这样，宋娟的柚子皮被一车一车地运往城里，成了饭店酒楼和普通市民餐桌上一道独特的农家小菜。

柚子剥皮卖，并不意味着柚瓤就此废弃了，宋娟联系到了几家水果饮料厂商，对方一听是去皮的柚子肉，开心得不得了，收购的价格也比整个的柚子要高出了许多。这样一来，原本是没人愿意收购的厚皮柚子，无论是柚皮还是柚瓤，竟然都卖出了高价。

等把镇子上的这一季柚子全卖光以后，除去付给乡亲们的柚子款和工资，宋娟足足净赚了40万元。次年，宋娟用这笔钱投资创办了一家农副产品公司，并先后把笋尖、土蕨、腌菜等数十种传统土特产开发成半成品或即食品，跻身全国各地超级市场，每年创产值千万余元。

　　换个方法卖柚子，说到底就是一种智慧，它不仅能改变柚子的命运，更能改变一个人的命运。

## { 打破思维，坐在家里也能拿高薪 }

不用办理护照和迁居异地，通过网络就能在外国打工，他们拿着丰厚的薪水，在家里喝着咖啡，对着电脑就把钱挣了。

[ 皇城根下的"英国编辑" ]

林楠　27岁　居住地：北京

这位27岁的北京女孩，喜欢上网冲浪，最喜欢的是英国的两家中文网站——"欧洲华人社区新闻网"和"华人今日网"。前者可以浏览到大量社区新闻和异国生活趣闻，后者有关经济和商贸方面的信息量较大，很受英国年轻人的喜爱。林楠经常在论坛上发帖子，以及转发别人有趣的观点。很快就在网友中有了响当当的名气。

2001年3月的一天，林楠正在论坛上发帖子，突然发现有人给自己留言，希望和她交流一下。原来对方是"华人今日网"的一位网站负责人，因见林楠在网上挺有"人气"，想了解一下她的学历和个人情况，并请她经常为这家资讯网站收集些有价值的信息—因为网站的信息需求量很大，尤其是中国方面的内容。对方还承诺可以视情况给予一定的报酬。

于是，林楠第一次开始认真地研究起英国这家中文网站的特色，并根据对方提出的提纲与要求，广泛搜罗国内的公共信息，然后进行编辑处理，再发往对方指定的邮箱，很快就得到了对方积极的回应。

做了一段时间后，林楠还总结出了一套很有成效的好办法，那就是进入任何一个国内网站时，就把各种资料按行业划分，存到电脑里。有了充足的资料准备，对方需要什么，不用十万火急地四处查找相关内容了，直接挑选出合适那家中文网口味的信息，传给对方让他们往网上"贴"就行。

3个月后，英国那家中文资讯网站发来通知，宣布正式聘任她为中国信息编辑。同时，还给她汇来600欧元的报酬，并表示今后将定期给她薪水和补贴，每月不低于600欧元！那一刻，女孩兴奋得手舞足蹈。她万万没想到，一个普通大学生，足不出户竟能在英国谋到一个小小的"职位"。

其实林楠的网上淘金事业才刚刚开始。从2003年起，经朋友介绍，她又先后担任了"法国华人休闲网""澳大利亚中国商务信息网"等多家网站的特约编辑或信息员。如今，林楠月收入已达1万元人民币。

[ 莱茵河畔的"守夜人" ]

沈佳　24岁　居住地：上海

沈佳的工作很有意思，每天。睡觉睡到自然醒，然后，在厨房做一道开心早餐，接着，打开电脑，盯着显示屏，观察网络另一头的一举一动。没错，沈佳正在做的工作就是利用中外时差，为莱茵河畔的德国人"守夜"，成了德国的"电子移民"一族。

现在，沈佳为德国专业的监理公司服务，这家公司主要为欧美各地的物流企业监控仓库。主要任务就是通过电脑视频，对自己所负责区域的仓库实施监管，像沈佳这样"好管闲事"又充满责任心的人，他们自然举双手欢迎。

如今，沈佳已成为公司的正式员工，薪金每小时20欧元，每天工作5小时，每周5天，一个月下来，轻轻松松突破4000元人民币，比一般小白领强多了。

2010年12月圣诞节，正值欧美各国欢度佳节，当老外们玩兴正浓的时候，却是沈佳最辛苦的时候。突然，她发现屏幕有异常画面，一束像蜡烛一样的小火苗正在跳动！沈佳马上警觉这可能是着火了！立即通知德国合作方，没想到，联系了多次，对方的手机始终处于关机状态，怎么办？虽然员工守则注明，如果因对方联系方式关闭而导致无法联系，其造成的损失由顾客自行负责。但沈佳认为，即使如此也不能坐视不管，她拨打国际长途电话，通知了德国当地消防。仅几分钟，在黄浦江畔的沈佳通过视频看到消防车一辆接一辆开到了仓库，原来是一个喝醉酒的市民不小心点燃了仓库附近的一个易燃物！幸亏沈佳及时提醒，火势才没有蔓延，很快被扑灭了。

因为这件事，沈佳受到了德国公司的表扬，并提升为五星级员工，薪金一下升至每小时40欧元。

[ 快乐的"美国秘书" ]

孙菲　29岁　居住地：成都

一次在网上闲逛，孙菲发现了一家能提供网上秘书训练的美国网站，她很感兴趣，喝着咖啡在家上班，既不用看老板的脸色，又能摆脱令人头痛的人际关系。这"网上秘书"太适合自己了：于是，她便在网上进行了注册，就在家里开起了工作室。很快，网站就根据孙菲所填材料为其安排了第一个客户——美国芝加哥电子商务老板斯蒂生。他准备在宁波开一家电子贸易公司，想了解周边高档社区公寓的租金情况，以及有哪些娱乐消费场所，饮食习惯如何。这看似简单的问题，要摸清楚，还真不容易。为了给对方一个满意答案，孙菲竟跑去宁波亲自考察了一星期。一星期之后，一份翔实又十分精确的调查报告出现在了斯蒂生的电子邮箱里，对方为孙菲的认真感到惊叹，为她这次的工作评了最优，孙菲将获得800美元的报酬，除去宁波的考察费用，竟然还盈余2000元人民币。

此后，在斯蒂生的热情推荐下，孙菲又先后为20多家美国公司当过"网上秘书"。制订商业计划、翻译中文资料、安排旅游行程等，任何行政助理能在办公室里完成的工作，这位"网上女秘书"都能远程帮客户办得漂漂亮亮。

由于多次被评为最优"网络秘书"，孙菲的薪金从最初的每小时15美元，升至现在的每小时50美元。现在，她的月收入早就稳定在4万元人民币左右，是响当当的高薪金领。